(AYUDA PARA ESTUDIANTES)

¿PROBLEMAS CON LAS MATEMÁTICAS?

I0504526

"APRENDIENDO EL LENGUAJE DE LA NATURALEZA"

APRENDIENDO EL LENGUAJE DE LA NATURALEZA

Dicen que Galileo, (uno de los "gigantes" en "cuyos hombros se apoyó Newton" para poder ver más que otros al estudiar el Universo, según sus propias palabras), dijo que las matemáticas son el lenguaje en el que está escrito el "libro" de la naturaleza. Aprender idiomas es muy útil, porque nos permite hablar con personas de otros países o leer publicaciones que tal vez no hayan sido traducidas a nuestra lengua. Pero si además podemos obtener unos conocimientos fundamentales del lenguaje de la naturaleza, se nos abren las puertas al entendimiento de muchísimas cosas, y todos los que lo han hecho nos aseguran que merece la pena el esfuerzo.

Como todo lenguaje, las matemáticas expresan ideas y relaciones entre cosas; en realidad expresan las mismas ideas y relaciones que se pueden expresar en lenguaje corriente, pero lo hacen, por regla general, de manera mucho más abreviada y rápida, lo que permite trabajar con relaciones que a veces son muy complicadas. Como todo lenguaje, las matemáticas tienen sus propios símbolos, y también lo que podríamos llamar su "gramática", es decir, un conjunto de reglas para usar esos símbolos.

Todo lenguaje se aprende poco a poco, empezando con cosas sencillas y avanzando hacia un conocimiento cada vez más amplio. En matemáticas es especialmente importante hacerlo así. Las matemáticas más avanzadas serán un auténtico galimatías para todo el que no tenga una buena base de matemática elemental. Pero no creas que es tan difícil. Las explicaciones que siguen a continuación empiezan por cosas muy sencillas, considerando primero de manera breve algunos de los motivos que pudieron llevar a que la humanidad descubriera las matemáticas, para darse cuenta ya en la antigüedad de que "la clave secreta del Universo", al parecer se encuentra en ellas.

Enseguida pasamos a hacer una consideración preparada con intención de que ayude a entender bien los *"conceptos"*; consideramos conceptos tan esenciales como lo que es una "ecuación", la regla fundamental para operar con ecuaciones, y para qué sirve tal regla (y los desarrollos de ella, para resolver sistemas de ecuaciones), lo que es una "función", y una "derivada". Se da énfasis al principio a la parte conceptual de las matemáticas, sin usar símbolos ni fórmulas.

Si los conceptos esenciales se entienden bien, estaremos preparados para lo que sigue: una consideración detallada del método de obtención de "derivadas", haciendo uso ya del simbolismo habitual en matemáticas, seguida del estudio de ecuaciones diferenciales, métodos de hallar soluciones a ellas, y la aplicación práctica del "cálculo infinitesimal" en los estudios de ciencias.

EL DESCUBRIMIENTO DE LAS MATEMÁTICAS

Las crecidas anuales del río Nilo anegaban los campos de cultivo de los antiguos egipcios, pero cuando las aguas se retiraban dejaban expuesto un terreno sumamente fértil para los agricultores; es muy probable que tuviesen que volver a determinar los linderos de aquellos campos que hubiesen sido totalmente cubiertos por las aguas, y para ello tendrían que hacer uso de conocimientos de geometría.

La palabra "geometría", derivada del idioma griego, significa literalmente "medición de la tierra", y el conocimiento y uso de las técnicas geométricas no era exclusivo de los egipcios; evidentemente todas las civilizaciones de la antigüedad descubrieron y utilizaron las reglas que descubrieron, no solo para medir sus campos y territorios, sino también para las construcciones que realizaron, y para muchos otros propósitos útiles, y es evidente que hubo intercambio de ideas y descubrimientos entre las diversas naciones.

El comercio y otras prácticas de la vida cotidiana también hacían necesario medir, pesar y contar todo tipo de productos y artículos, y se desarrolló también la "aritmética" (palabra derivada del griego "arithmós: número", mientras que la palabra "cálculo" se deriva del latín "cálculus: piedrecita", pues se usaban pequeñas piedras para contar, sirviéndose de ellas seguramente para hacer operaciones de adición o sustracción).

Aquellas antiguas civilizaciones fueron dándose cuenta de que las reglas que descubrían eran útiles también para más cosas que las que originalmente motivaron su uso; por ejemplo podían medir distancias de objetos lejanos, y ya en la antigüedad se hicieron incluso estimaciones de los objetos astronómicos más cercanos, y del tamaño de toda la Tierra.

Se empezó a apreciar ya entonces que las "matemáticas" eran la clave del funcionamiento de todas las cosas, y con el paso de los siglos y el avance de la civilización, esta idea se ha confirmado de manera sorprendente, y ha hecho posible entender el funcionamiento del mundo en que vivimos, de la realidad, desde las gigantescas agrupaciones de astros del Universo, hasta las diminutas estructuras subatómicas, y la asombrosa complejidad y coordinación de tales entidades en los procesos biológicos, hasta un grado sorprendente.

Pero las matemáticas avanzadas, y su aplicación en cosmología, física, química, biología molecular, y otros muchos campos, no resultan fáciles; sin embargo si se empieza desde la base, y se va ascendiendo desde ahí, escalón por escalón, entendiendo la lógica que hay detrás del simbolismo matemático, su comprensión es posible para todos, y hasta se puede disfrutar de su estudio.

Se puede empezar con un breve resumen general, descriptivo, usando lenguaje corriente antes de emplear fórmulas y símbolos.

El cálculo de áreas y volúmenes en la geometría elemental, consiste básicamente en multiplicar "largo" por "ancho", en el caso de las áreas o superficies, y "largo" por "ancho" por "alto" en el caso de los volúmenes, aunque dependiendo de la forma de la figura la "fórmula" a utilizar será distinta, pero no nos detendremos ahora en los detalles; lo que queremos destacar es que la propiedad que queremos medir depende de los elementos de la figura, y de cómo se relacionan entre ellos, es decir de su dependencia funcional.

Por ejemplo, para calcular el área de un cuadrado basta con multiplicar el valor de la longitud de un lado por sí mismo, ya que en el caso del cuadrado "largo" y "ancho" son iguales: LARGO x ANCHO = LADO x LADO.

Esto nos sirve para ilustrar el concepto general de función: en el caso del cuadrado el valor de su superficie depende, o está en función del valor de la longitud del lado.

A veces se dice que una "función" en matemáticas, es una regla que permite calcular el valor de una magnitud, a partir de los diferentes valores que pueda ir tomando otra magnitud u otras magnitudes con las que está relacionada y de las que depende.

O una "aplicación" que asigna a cada elemento de un conjunto un elemento de otro conjunto: Por ejemplo, en el caso del cuadrado, podemos pensar en el conjunto de todos los valores posibles que puede tomar el lado, y en otro conjunto que es el conjunto de todos los posibles valores que toma el área; cada elemento del primer conjunto (los lados) corresponderá a un elemento del segundo conjunto (las áreas); habrá por tanto una correspondencia biunívoca (uno a uno) entre los dos conjuntos.

La dependencia funcional se puede representar en una gráfica:

Podemos trazar dos ejes perpendiculares entre sí, uno horizontal y otro vertical, que se cortan en un punto al que llamamos origen; hacemos unas marcas equidistantes en cada uno de estos ejes y las numeramos, como una regla de medir longitudes.

En el eje horizontal marcamos los valores que puede tomar una de las magnitudes de la "función", y entonces marcamos en el eje vertical el valor que toma la otra magnitud para cada valor de la primera; trazamos líneas perpendiculares desde cada punto del eje horizontal y del vertical, y unimos con una línea continua todos los puntos de intersección; esa línea es la gráfica de la función; nos muestra, en cada intervalo de posibles valores, si la magnitud representada en el eje vertical crece o decrece, y en qué proporción lo hace, al ir variando el valor de la magnitud representada en el eje horizontal.

En el estudio del mundo natural, la dependencia funcional de unas magnitudes respecto a otras, puede tomar muchas formas, así que es fácil comprender que las gráficas que representan esos procesos podrían, en principio, ser de formas muy variadas, quizá infinitas.

Sin embargo, toda esa rica variedad, comparte rasgos en común, que permiten agrupar las funciones matemáticas que representan o modelan esos procesos, en clases muy generales.

Por ejemplo en muchos procesos del mundo natural, se da lo que se llama un crecimiento (o a veces decrecimiento) exponencial; un ejemplo puede ser la formación de un organismo pluricelular a partir de una célula original; la célula se divide en dos, y cada nueva célula se sigue dividiendo en dos, de modo que primero pasamos de una a dos, después de dos a cuatro, entonces de cuatro a ocho, dieciséis, treinta y dos, sesenta y cuatro…….. y en poco tiempo tenemos billones de células; en el crecimiento exponencial el aumento puede parecer lento al principio, pero a cada nuevo paso el aumento se va haciendo muchísimo mayor, y un solo tipo de función matemática, la función exponencial, sirve para modelar y estudiar matemáticamente muchísimos fenómenos distintos.

En el mundo natural se dan también muchos procesos que se repiten de manera cíclica, o que oscilan, subiendo y bajando los valores de las magnitudes que los caracterizan; por ejemplo la propagación de una onda sonora a través del aire: un movimiento, como la vibración de nuestras cuerdas vocales, desplaza ligeramente las moléculas de aire que están en contacto con ellas, que a su vez desplazan a las contiguas, y así sucesivamente, de modo que a través del aire se propaga una onda de presión; la misma fórmula matemática, la fórmula de un oscilador, representa una amplia variedad de fenómenos cíclicos, vibratorios u oscilatorios: ondas sonoras, movimientos mecánicos variables, luz y otras ondas electromagnéticas, procesos atómicos y moleculares…..etc.

De modo que todo el trabajo matemático que se desarrolló, por ejemplo, desde la época de Newton y Leibnitz, para estudiar el movimiento planetario, o la vibración de una cuerda, después ha resultado ser útil, con las modificaciones adecuadas, para aplicarlo a la teoría cuántica y a las vibraciones de átomos y moléculas.

Las llamadas "funciones especiales", como las de Legendre, Laguerre y Bessel surgieron en el estudio de los movimientos planetarios, pero ahora se utilizan (Legendre y Laguerre) para resolver la ecuación de Schrödinger de la mecánica cuántica; son variaciones sobre un mismo tema: "funciones esféricas" o "ecuaciones de oscilador".

Si la gráfica de una función es continua en un intervalo, sin cortes, eso significa que existe un valor de la función para todo posible valor de la variable o variables de las que depende; pero hay infinitos números entre, digamos, dos números enteros, de modo que es algo parecido a lo que ocurre con π, el número que indica la proporción entre la longitud de una circunferencia y su diámetro: sus cifras decimales son infinitas; podemos aproximarnos todo lo que queramos, en principio, a su valor, por ejemplo inscribiendo polígonos de muchos lados en la circunferencia, y calculando su perímetro, o usando otros algoritmos, pero necesitaríamos un tiempo infinito para obtener los infinitos decimales.

De igual manera el valor de una función se puede obtener evaluando la integral correspondiente, si esto es posible, usando las técnicas del cálculo integral, o se puede aproximar con el grado de precisión que se requiera, por medio de un desarrollo en serie de potencias (suma de potencias), o, en particular si su gráfica "oscila" (sus valores suben y bajan, presentando máximos, mínimos y puntos estacionarios), por medio de un desarrollo en serie de Fourier, es decir una serie trigonométrica (una suma de senos y cosenos, multiplicados cada uno por sus correspondientes amplitudes o coeficientes de Fourier); esto es fácil de comprender ya que los valores de las funciones trigonométricas (seno y coseno) oscilan, y se puede representar prácticamente cualquier función, por un desarrollo o expansión de Fourier adecuado; también es fácil comprender que muchas funciones se puedan aproximar por series de potencias, pues si multiplicamos binomios, podemos obtener polinomios de cualquier grado y tamaño (Se conoce como "teorema fundamental del álgebra", la demostración que hizo Gauss de que todo polinomio de cualquier grado, puede ser factorizado como un producto de binomios).

Las matemáticas parecen tener poder generador: la existencia y veracidad de las relaciones matemáticas parece ser una necesidad lógica, algo así como las "verdades necesarias" de las que hablan los filósofos; el famoso teorema de Gödel de la lógica matemática no contradice esto; por el contrario, más bien lo que demuestra es que la riqueza de las matemáticas parece ser infinita, y ningún sistema finito de axiomas (un sistema formal) es suficiente para derivar todas las verdades matemáticas.

MATEMÁTICAS SIN FÓRMULAS

Calculando áreas y volúmenes

Quizá la figura geométrica más sencilla (aparte de una simple línca), sea el cuadrado; el cuadrado es la figura limitada por cuatro lados de igual longitud, y formando cada lado un ángulo recto con los lados que se unen a sus extremos; es fácil comprender que para obtener el valor de su superficie o área, basta con multiplicar "largo por ancho", y como en el cuadrado el largo y el ancho son iguales, basta con multiplicar "lado por lado", o como se suele decir "lado al cuadrado".

A continuación está el rectángulo, también de cuatro lados colocados en ángulos rectos, pero no de igual longitud; tiene dos lados largos de igual longitud, paralelos entre sí, unidos por dos lados más cortos, también paralelos entre sí; en este caso si llamamos a los lados largos "base" y a los cortos "altura" (o a la inversa), la multiplicación de "largo por ancho" será multiplicar "base por altura", y así se calcula el valor de su área.

Un rectángulo (y también un cuadrado), se puede dividir en dos triángulos iguales, simplemente trazando una línea recta desde uno de sus vértices (el punto donde se unen dos lados) de arriba, hasta el vértice que está en el lado opuesto y abajo. Como obtenemos así *dos triángulos iguales*, partiendo o dividiendo en *dos* el rectángulo: (de área: "base por altura"), el área del triángulo es "base por altura partido por dos".

Los dos triángulos así obtenidos son triángulos rectángulos, ya que uno de sus ángulos es recto, porque los hemos obtenido partiendo en dos un rectángulo, pero la misma fórmula es válida para todos los triángulos, aunque no tengan ángulo recto, porque si nos dan cualquier triángulo, podemos dibujar un triángulo igual pero invertido, y si los unimos los dos, obtenemos un paralelogramo, que es como un rectángulo, con la única diferencia de que sus ángulos no son rectos, y su área es también "base por altura"; o a la inversa: si nos dan un paralelogramo podemos partirlo en dos como hicimos con el rectángulo, y obtenemos dos triángulos iguales; de modo que: confirmado, el área de cualquier triángulo siempre es "base por altura partido por dos".

Hay figuras con más de tres ángulos, y más de cuatro; a todos se les llama de manera general polígonos (muchos ángulos), y de manera individual se les nombra según el número de ángulos, que se corresponde con el número de lados; si tiene cinco lados iguales: "pentágono", si tiene seis: "hexágono", y así sucesivamente; para calcular su área se hace algo parecido a lo que hicimos en el caso del triángulo; resulta que un pentágono se puede dividir en cinco triángulos iguales, un hexágono en seis, un heptágono en siete, y así se puede hacer con todos los polígonos; imagina un pentágono: desde su punto central trazamos cinco líneas rectas, una a cada uno de sus vértices, y obtenemos cinco triángulos iguales; como ya sabemos que el área del triángulo es "base por altura partido por dos", el área del pentágono será esa cantidad multiplicada por cinco; como los cinco lados del pentágono son iguales, resulta más sencillo multiplicar por cinco el valor de un lado; obtenemos así el valor de la suma de sus cinco lados o "perímetro", y como los cinco triángulos en que lo hemos dividido son también iguales y tienen la misma altura, se multiplica esa altura por el perímetro y se divide por dos; a la altura de los triángulos se le llama en este caso "apotema"; de modo que el área del polígono es "perímetro por apotema partido por dos".

Llegamos finalmente al área del círculo; para calcular su área se sigue una estrategia parecida a la que hemos seguido hasta ahora; si dentro del círculo inscribimos un polígono, el perímetro del polígono tendrá un valor aproximado al de la longitud de la circunferencia que limita al círculo, y el área del polígono se aproximará al valor del área del círculo; cuantos más lados tenga el polígono, estos tendrán que ser más cortos, para que el polígono quepa dentro del círculo; podemos considerar el círculo como un "polígono" de muchísimos lados, tan pequeños casi como "puntos"; su "perímetro" valdrá prácticamente igual que la longitud de la circunferencia que le limita, y su "apotema" será igual al radio del círculo (que es también el radio de su circunferencia correspondiente).

Se sabe desde la antigüedad que el valor aproximado de la longitud de una circunferencia es seis veces la longitud de su radio (o tres veces su diámetro, que es el doble del radio), porque se comprobó por experiencia directa que si se inscribe en el interior de ella un hexágono, la longitud del lado del hexágono es igual al valor del radio; de modo que la longitud aproximada de la circunferencia es "seis multiplicado por el radio", o "dos por tres, por el radio"; por supuesto el "tres" que se usa aquí solo nos da un valor aproximado, pero podemos aproximarnos más inscribiendo polígonos con más lados que el hexágono; al hacerlo la fórmula será la misma, pero en vez de tres, habrá que multiplicar "dos por el radio, por un número algo mayor que tres, es decir, por (3,1415.......?); como no hay límite, en teoría, al número de lados del polígono que se puede inscribir, y cuantos más tenga habrá que añadir más cifras decimales a partir de la coma que sigue al 3, se sabe que la cantidad de estos decimales es infinita; se han calculado ya miles de ellos, pero hasta ahora, para fines prácticos usando solo unos pocos de los primeros que van a continuación de la coma, se obtiene un valor para la longitud de la circunferencia que es una buena aproximación. Aunque no conocemos todos los decimales, pues son infinitos, podemos "hacer como si los conociéramos", eligiendo un símbolo al que asignamos el significado del "valor verdadero"; se ha elegido la letra griega π, que es la primera letra de la palabra griega para "perímetro".

Pero merece la pena pararse un momento a pensar en esto; las circunferencias que trazamos sobre el papel son realmente "polígonos" de muchos lados, pero no una "circunferencia matemática" perfecta; podemos concebir en nuestra mente, al parecer con mucha facilidad, lo que es una circunferencia: una línea cuyos puntos están todos a la misma distancia de un punto, que es el centro de la circunferencia; y sin embargo no podemos trazar una "circunferencia matemática" perfecta, ni calcular el valor "exacto" de la longitud de la circunferencia, porque necesitaríamos las infinitas cifras decimales de π .

Este es uno de esos aspectos misteriosos e intrigantes de las matemáticas, que da mucho que pensar, y que, como vemos, tiene que ver con el concepto de "infinito", y con el enigma de la mente humana, que puede concebir con facilidad cosas que no ha percibido directamente, y sugiere algún tipo de profunda conexión, que aún es objeto de investigación, entre la mente humana y el Universo del que ha surgido, un Universo que se ha mostrado profundamente arraigado en las "matemáticas".

Volviendo a la fórmula del área del círculo, ahora es fácil comprender que es una fórmula equivalente a la que se usa para calcular el área de un polígono: "perímetro por apotema partido por dos"; en el caso del círculo, el "perímetro" es la longitud de la circunferencia que le limita, y la "apotema" es el radio; como la longitud de la circunferencia es "dos por π , por el radio", esto es el perímetro; multiplicándolo por la "apotema" que es el radio, y dividiendo por dos, se obtiene como fórmula del área del círculo: "π por el radio, por el radio", o lo que es lo mismo "π por el (radio elevado al cuadrado)".

Las fórmulas para los volúmenes se obtienen con métodos similares, pero añadiendo una dimensión más; en general, para obtener el valor de un volumen, hay que multiplicar "largo por ancho por alto".

El cubo se puede considerar el "correspondiente" tridimensional del cuadrado, y la fórmula para su volumen es "lado por lado por lado", o "lado al cubo"; de igual manera, y extendiendo la analogía entre el cuadrado y el cubo, otros poliedros se podrían relacionar con el rectángulo y demás polígonos; añadiendo una dimensión más y con estrategias semejantes a las que ya hemos considerado se obtienen las fórmulas necesarias.

¿Qué es una ecuación?

La palabra "ecuación" se deriva de la palabra latina para "igual"; es casi como si dijéramos "igualación"; y de hecho el significado básico y general de la relación que se representa con una ecuación, es la relación de igualdad entre dos expresiones matemáticas, normalmente de apariencia distinta, pero que si hiciéramos los cálculos indicados para obtener el valor numérico de cada una, obtendríamos el mismo valor para ambas; para representar esa relación se ha elegido un símbolo que son dos rayitas paralelas *iguales* : " = " ; ese símbolo se coloca entre las dos expresiones para indicar que los valores numéricos de las dos son iguales. A la expresión que se coloca a la izquierda del símbolo (el signo "igual"), se le llama "el primer miembro de la ecuación", y a la expresión colocada a la derecha, "segundo miembro de la ecuación" .

Cuando se trabaja con ecuaciones, dependiendo de lo que se necesite obtener, se hacen cambios en las expresiones colocadas a cada lado del signo "igual", o se pasan términos de un lado a otro, pero hay que respetar ciertas reglas.

Es fácil de entender si comparamos la ecuación con una balanza, una balanza de platillos; para que los dos platillos a cada lado de la balanza se mantengan en equilibrio y estén siempre a la misma altura, es necesario que las pesas que pongamos sobre uno de ellos, pesen lo mismo en todo momento, que las que coloquemos sobre el otro platillo, y así la igualdad entre los pesos totales a ambos lados se mantendrá, se mantendrá el equilibrio y el indicador de la balanza se mantendrá vertical y centrado, como cuando en los platillos de la balanza no hay nada.

Si tenemos la balanza equilibrada y añadimos una pesa a uno de los platillos, éste se desplazará hacia abajo y el indicador señalará el valor de la pesa añadida; si queremos recuperar el equilibrio tendremos que colocar una pesa del mismo valor sobre el otro platillo; la pesa añadida en un lado se compensará con la añadida en el otro, y se recuperará la igualdad.

Eso ilustra la regla más fundamental que hay que respetar al trabajar con ecuaciones: todo cambio que hagamos en un miembro de la ecuación, tiene que ser compensado con un cambio equivalente en el otro miembro, para que la igualdad se mantenga.

Si el primer miembro lo multiplicamos por dos, tendremos que hacer lo mismo en el segundo; como el valor numérico de cada expresión es el mismo al comienzo, si duplicamos el valor en un lado, pero hacemos lo mismo en el otro, los valores han cambiado pero en la misma proporción, de modo que seguimos teniendo a cada lado dos valores iguales; sigue siendo una "ecuación" y podemos seguir dejando ahí, entre las dos nuevas expresiones, el signo "igual".

Pero supongamos que al comienzo tenemos en el lado derecho, en el primer miembro de la ecuación, un dos que está *multiplicando* a todo el resto de la expresión matemática de ese lado, y lo quitamos de ahí y lo pasamos al otro lado, *dividiendo* a toda la expresión matemática de ese lado, del segundo miembro de la ecuación; ¿se seguirá manteniendo la igualdad de valores entre los dos miembros?; la respuesta es: "sí"; veamos por qué.

Una forma alternativa de quitar, suprimir o cancelar ese número dos en el primer miembro, que *multiplica* a todo el resto de la expresión en ese lado, y por tanto duplica su valor, es colocar un dos *dividiendo* a toda la expresión del primer miembro; entonces el dos que está multiplicando se cancelará con el dos que está dividiendo, puesto que la multiplicación y la división son operaciones inversas; pero ahora recordemos el ejemplo de la balanza: para que el equilibrio se mantenga, es necesario que cualquier cambio que hagamos en un lado lo compensemos con un cambio equivalente en el otro; de modo que si hemos colocado un dos dividiendo en el primer miembro, tendremos que colocar también un dos dividiendo en el segundo miembro; en el primero el dos añadido que divide cancela el efecto del dos que multiplica (pues uno duplica el valor del resto de la expresión en ese lado; pero el que añadimos dividiendo lo reduce a la mitad); de modo que podemos tachar o borrar los dos "doses" del primer miembro de la ecuación, el que multiplica y el que divide, pues se cancelan mutuamente entre ellos; pero el dos que multiplica estaba ya ahí desde el comienzo, y el valor total de la expresión en el primer miembro era igual al valor total en el segundo; si quitamos ese dos, el valor queda reducido a la mitad; de modo que para que la igualdad se mantenga tendremos que dividir por dos la expresión en el segundo miembro, para reducir también su valor a la mitad.

Pero eso es justamente lo que hemos conseguido en la primera operación realizada, cuando dijimos que el dos que estaba *multiplicando* en el primer miembro lo "pasamos" al segundo miembro *dividiendo*. Desaparece del primer miembro (como si lo dividiéramos por dos), y pasa a dividir a toda la expresión del segundo miembro.

Esa es la regla básica que hay que seguir al operar con ecuaciones: podemos "pasar" términos de un lado al otro, haciendo la operación inversa: lo que está multiplicando en un lado pasa al otro dividiendo, lo que está sumando en un lado pasa al otro restando, y lo mismo para cualquier otra operación.

¿Y para que nos sirve pasar términos o factores de un lado a otro?; pues para averiguar valores de magnitudes que no conocemos, a partir de su *relación* con otras magnitudes cuyos valores sí conocemos.

Veamos un ejemplo sencillo; supongamos que tenemos un amigo aficionado a proponer adivinanzas matemáticas, que nos dice: ¿A ver si sabes calcular qué "número" multiplicado por siete, sumando al producto ocho, y dividiendo todo por dos, da como resultado "once"; si nos hubiera dicho: ¿qué número multiplicado por dos da "diez"?, lo hubiéramos hecho de memoria sin ningún esfuerzo, y hubiéramos contestado enseguida: "cinco", pero como lo ha complicado un poco nos obliga a sacar papel y lápiz (las reglas del juego no permiten usar la calculadora del teléfono móvil).

Al número desconocido le llamamos de momento "x"; es la "incógnita" de la ecuación que tenemos que plantear; no sabemos su valor, pero sabemos su *relación* con las cantidades conocidas que nuestro amigo nos ha dado, de modo que escribimos: "(siete multiplicado por "x") mas ocho, y dividido todo por dos, es igual a once"; lo primero que hacemos es pasar el dos que divide, multiplicando al "segundo miembro de la ecuación", que es once, y como once por dos es veintidós, nos queda: "(siete multiplicado por "x") más ocho, es igual a veintidós"; a continuación pasamos el ocho, que va *sumado* al producto de "siete por "x"", al segundo miembro *restando*, y en el segundo miembro nos queda "veintidós menos ocho" que es "catorce"; así que la "ecuación" ahora es: "siete por "x" es igual a catorce"; finalmente, el "siete" que *multiplica* a la "x", lo pasamos *dividiendo* al "catorce" que tenemos en el segundo miembro y ya tenemos el valor numérico de "x" : "catorce dividido entre siete, que es igual a dos"; comprobamos que efectivamente : "dos por siete" son "catorce", "catorce más ocho" es igual a "veintidós", y "veintidós dividido entre dos es igual a once", como nos pedía nuestro amigo; hemos hallado el número que cumple las condiciones que nos ha planteado.

En el estudio del mundo natural se descubren relaciones muy complejas, que conducen al planteamiento de ecuaciones y sistemas de ecuaciones relacionadas entre sí; cuando se conoce la forma de esas relaciones y se expresan en forma de ecuaciones, se pueden averiguar los valores de unas magnitudes a partir de su relación con los valores de otras magnitudes ya conocidos, que se han podido medir experimentalmente, o se han deducido de alguna manera.

Para resolver sistemas de ecuaciones grandes y complejas se han desarrollado métodos que son, por decirlo así, extensiones avanzadas del método que hemos ilustrado aquí, con un ejemplo sencillo.

Cuando hay más de una incógnita, pero conocemos más relaciones que nos permiten plantear tantas ecuaciones como incógnitas, podemos usar una de las ecuaciones para dejar en el primer miembro una sola incógnita, pasando términos y factores al segundo miembro, de la manera que hemos considerado.

Así obtenemos una expresión para el valor de dicha incógnita, *en función* de los valores de las otras, y eso nos permite *sustituir* en el resto de ecuaciones, tal incógnita por la expresión obtenida.

Haciendo lo mismo repetidas veces (dependiendo del número de incógnitas y ecuaciones), finalmente obtenemos una ecuación con una sola incógnita, pues todas las demás han sido sustituidas por expresiones equivalentes en función de esa única incógnita, y la ecuación obtenida nos permite calcular fácilmente su valor numérico, que ahora podemos colocar en las demás ecuaciones.

Reiterando el proceso vamos hallando el valor numérico de todas las demás.

Como vemos, la clave está en obtener una ecuación con una sola incógnita, fácil de resolver, que será el punto de partida para ir resolviendo las demás.

Hay otras formas de obtener a partir del sistema de ecuaciones, una con una sola incógnita; por ejemplo, como en cada ecuación el valor numérico del primer miembro es igual al valor de la expresión del segundo miembro, podemos restar miembro a miembro dos ecuaciones entre sí, pues a cada miembro le estamos restando el mismo "valor", de modo que seguimos teniendo una "ecuación", pero tal vez así podemos ir eliminando incógnitas hasta obtener una ecuación con una sola, que como vimos antes nos permitirá ir hallando los valores de las demás.

Cuando hay que resolver sistemas de ecuaciones muy grandes, con muchas ecuaciones y muchas incógnitas, los métodos que hemos considerado requerirían mucho tiempo y muchas operaciones; hay un método más práctico para tales casos; veamos cual es.

La clave del método es la misma: toda operación que hagamos en un miembro de cada ecuación, tiene que ser compensada por una operación equivalente en el otro miembro; además los valores de todas las cantidades desconocidas (incógnitas, que representamos por letras al desconocer su valor numérico), debemos obtenerlos a partir de los valores numéricos que sí tenemos, de modo que podemos quitar (de momento), todas las letras, y dejar solo los números.

Nos queda así un conjunto de números colocados en filas y columnas; cada fila contiene los números correspondientes a una de las ecuaciones del sistema, sus coeficientes numéricos, despojados temporalmente de las "letras (incógnitas)" que los acompañan; (nos las arreglamos para que en el segundo miembro quede solo un número).

A esa tabla numérica se le llama "matriz"; a continuación elegimos las operaciones convenientes, que podemos ir aplicando a los números (siempre respetando la "regla de compensación"), con el propósito expreso de reducir a cero todos los números correspondientes al primer miembro de una ecuación salvo uno, de modo que en esa ecuación, si volviéramos a poner las letras, todas las incógnitas salvo una se eliminarían, al ser cero sus coeficientes, y así obtenemos el equivalente a una ecuación de una sola incógnita; reiterando el proceso en toda la matriz se van obteniendo los valores de todas las incógnitas.

Este método resulta muy útil para resolver sistemas grandes, usando ordenadores programados para efectuar las operaciones de eliminación con mucha rapidez.

Además de permitir hallar los valores desconocidos de magnitudes, la forma y estructura de las ecuaciones, permite entender mejor las estructuras que existen en la naturaleza, los procesos que acontecen en ella, y las leyes físicas que gobiernan esos procesos, pues las ecuaciones son una representación simbólica de tales estructuras, procesos y leyes.

¿Qué es una función?

Como vimos antes, (y daremos aquí un repaso a lo explicado arriba), para calcular el área de un cuadrado basta con multiplicar el valor de la longitud de un lado por sí mismo, ya que en el caso del cuadrado "largo" y "ancho" son iguales: LARGO x ANCHO = LADO x LADO.

Esto nos sirve para ilustrar el concepto general de función: en el caso del cuadrado el valor de su superficie depende, o está en función del valor de la longitud del lado.

A veces se dice que una "función" en matemáticas, es una regla que permite calcular el valor de una magnitud, a partir de los diferentes valores que pueda ir tomando otra magnitud u otras magnitudes con las que está relacionada y de las que depende.

O una "aplicación" que asigna a cada elemento de un conjunto un elemento de otro conjunto: Por ejemplo, en el caso del cuadrado, podemos pensar en el conjunto de todos los valores posibles que puede tomar el lado, y en otro conjunto que es el conjunto de todos los posibles valores que toma el área; cada elemento del primer conjunto (los lados) corresponderá a un elemento del segundo conjunto (las áreas); habrá por tanto una correspondencia biunívoca (uno a uno) entre los dos conjuntos.

La dependencia funcional se puede representar en una gráfica:

Podemos trazar dos ejes perpendiculares entre sí, uno horizontal y otro vertical, que se cortan en un punto al que llamamos origen; hacemos unas marcas equidistantes en cada uno de estos ejes y las numeramos, como una regla de medir longitudes.

En el eje horizontal marcamos los valores que puede tomar una de las magnitudes de la "función", y entonces marcamos en el eje vertical el valor que toma la otra magnitud para cada valor de la primera; trazamos líneas perpendiculares desde cada punto del eje horizontal y del vertical, y unimos con una línea continua todos los puntos de intersección; esa línea es la gráfica de la función; nos muestra, en cada intervalo de posibles valores, si la magnitud representada en el eje vertical crece o decrece, y en qué proporción lo hace, al ir variando el valor de la magnitud representada en el eje horizontal.

En el estudio del mundo natural, la dependencia funcional de unas magnitudes respecto a otras, puede tomar muchas formas, así que es fácil comprender que las gráficas que representan esos procesos podrían, en principio, ser de formas muy variadas, quizá infinitas.

Sin embargo, toda esa rica variedad, comparte rasgos en común, que permiten agrupar las funciones matemáticas que representan o modelan esos procesos, en clases muy generales.

Por ejemplo en muchos procesos del mundo natural, se da lo que se llama un crecimiento (o a veces decrecimiento) exponencial; un ejemplo puede ser la formación de un organismo pluricelular a partir de una célula original; la célula se divide en dos, y cada nueva célula se sigue dividiendo en dos, de modo que primero pasamos de una a dos, después de dos a cuatro, entonces de cuatro a ocho, dieciséis, treinta y dos, sesenta y cuatro........ y en poco tiempo tenemos billones de células; en el crecimiento exponencial el aumento puede parecer lento al principio, pero a cada nuevo paso el aumento se va haciendo muchísimo mayor, y un solo tipo de función matemática, la función exponencial, sirve para modelar y estudiar matemáticamente muchísimos fenómenos distintos.

En el mundo natural se dan también muchos procesos que se repiten de manera cíclica, o que oscilan, subiendo y bajando los valores de las magnitudes que los caracterizan; por ejemplo la propagación de una onda sonora a través del aire: un movimiento, como la vibración de nuestras cuerdas vocales, desplaza ligeramente las moléculas de aire que están en contacto con ellas, que a su vez desplazan a las contiguas, y así sucesivamente, de modo que a través del aire se propaga una onda de presión; la misma fórmula matemática, la fórmula de un oscilador, representa una amplia variedad de fenómenos cíclicos, vibratorios u oscilatorios: ondas sonoras, movimientos mecánicos variables, luz y otras ondas electromagnéticas, procesos atómicos y moleculares.....etc.

De modo que todo el trabajo matemático que se desarrolló, por ejemplo, desde la época de Newton y Leibnitz, para estudiar el movimiento planetario, o la vibración de una cuerda, después ha resultado ser útil, con las modificaciones adecuadas, para aplicarlo a la teoría cuántica y a las vibraciones de átomos y moléculas.

El cálculo infinitesimal

Una de las "herramientas matemáticas" más potentes que utiliza la ciencia es el "cálculo infinitesimal", que consiste en dos partes íntimamente relacionadas, el "cálculo diferencial" y el "cálculo integral", derivadas e integrales, siendo una de las operaciones (hallar la derivada de una función), inversa de la otra (integrar una función, invirtiendo el proceso de derivación).

Sus raíces se remontan a la antigüedad; por ejemplo, como ya vimos antes, el método que se usaba para determinar el valor de π, aproximando el valor de la longitud de una circunferencia, por medio de inscribir en ella (y también circunscribir), polígonos con un número determinado de lados.

La primera aproximación podía ser un hexágono, y la longitud del lado del hexágono coincide exactamente con la longitud del radio de la circunferencia; por eso el primer número de π es 3, puesto que el diámetro de la circunferencia, el doble del radio, es aproximadamente la tercera parte de su longitud; pero π debe ser algo mayor que 3, ya que el perímetro del hexágono es algo menor que la longitud de la circunferencia.

Aumentando el número de lados del polígono inscrito, se pueden obtener aproximaciones cada vez más cercanas al verdadero valor de la longitud de la circunferencia, e ir obteniendo así valores más precisos de π, que irán añadiendo cifras decimales después de la coma del 3.

Pero no parece haber límite al número de lados del polígono que, en teoría, se podría inscribir, y por eso la cantidad de cifras decimales de π es infinita.

Las circunferencias que trazamos son en realidad "polígonos" cuyo perímetro se aproxima mucho a la longitud de una verdadera "circunferencia matemática".

Un método semejante se podía utilizar para calcular áreas y volúmenes de figuras de cualquier forma posible, por irregular que pueda ser.

Medir el área de un campo perfectamente cuadrado, o rectangular, es fácil; solo hay que medir la longitud y la anchura y multiplicarlos.

Pero supongamos que un agricultor, que tiene que vender o comprar un campo, necesita saber cuánto mide, en metros cuadrados o en hectáreas, y la forma del campo es muy irregular.

Puede calcular su área inscribiendo en el campo rectángulos, pegados unos a otros, que pueden tener la misma anchura, pero diferentes longitudes; en las partes donde el campo se estreche las longitudes serán más cortas, y en las partes más amplias, las longitudes de los rectángulos inscritos serán más largas.

A continuación solo tiene que medir todas las longitudes, multiplicarlas por la base, y sumar las áreas de todos los rectángulos.

Si ha trazado rectángulos con una base relativamente ancha, por ejemplo de medio metro, obtendrá un valor de la superficie del campo muy aproximada, pero no exacta.

Pero si la base es de un milímetro, por ejemplo, aunque tendrá que medir las longitudes de muchos más rectángulos, obtendrá un valor prácticamente exacto.

Esta es la idea clave del cálculo infinitesimal. El estudio del mundo natural, de las formas geométricas irregulares que existen en él, por un lado, y de los múltiples procesos de cambio que acontecen, por otro lado, requiere utilizar este tipo de cálculo.

En realidad las dos cosas son equivalentes: un proceso de cambio, como por ejemplo, la velocidad a la que se mueve un planeta, o la velocidad de una reacción química, se puede representar gráficamente, tomando así el aspecto de una forma geométrica estática.

Se pueden trazar dos líneas rectas, dos ejes, perpendiculares entre sí (uno horizontal y otro vertical), que se cortan o intersectan en un punto; el eje horizontal puede representar el tiempo y el vertical la velocidad; graduamos los dos ejes con unas marcas a intervalos regulares, que representan los diferentes valores, de menor a mayor, que pueden ir tomando cada una de las dos magnitudes, la velocidad y el tiempo; y vamos indicando con un punto, que podemos situar por ejemplo a la derecha del eje "velocidad", y por encima del eje "tiempo", el valor de la velocidad en cada "instante" de tiempo, representado por la altura a la que situemos el punto frente al eje "velocidad", y por encima de la marca correspondiente a cada instante en el eje "tiempo", y unimos todos los puntos formando una línea; si, por ejemplo, la velocidad del proceso que se está estudiando, va decreciendo a un ritmo determinado, la gráfica se curvará hacia abajo, a medida que se avanza en el eje horizontal, es decir, a medida que transcurre el tiempo, y el grado de curvatura será tanto mayor cuanto más rápida sea la variación .

La tangente a la curva en un punto determinado (un instante determinado del eje "tiempo"), se inclinará más cuanto mayor sea la variación de la velocidad.

La gráfica es algo así como una "grabación cinematográfica" de todo el proceso, en la que estamos viendo todos los "fotogramas" a la vez, o para ser más exactos, es como si grabáramos a lo largo de todo el proceso los valores que indica el "velocímetro" junto a los que indica el "cronómetro".

Aunque, como hemos visto, las raíces del cálculo infinitesimal se remontan a tiempos antiguos, fue en la época de Newton y Leibnitz, cuando las investigaciones condujeron a su desarrollo.

Newton tuvo que hacer uso de este tipo de cálculo cuando descubrió las tres leyes del movimiento y la Ley de Gravitación Universal, y en los siglos que siguieron, las necesidades de la ciencia impulsaron un desarrollo aún mayor de estos métodos matemáticos.

El cálculo diferencial permite hallar el ritmo de cambio, o tasa de cambio, del valor de una función determinada, cuando el valor de la variable (o variables) de la que depende, experimenta un cambio infinitesimal.

Dicha "tasa de cambio" se obtiene sometiendo a la función a un proceso en tres pasos, que constituyen una especie de "receta", aplicable a todo tipo de funciones.

Los tres pasos de la "receta" son:

1- Se le suma a la variable un pequeño valor adicional; no hace falta especificar ningún valor particular; basta con sumar un símbolo que representa simplemente un incremento pequeño

2- Restamos a la expresión de la "función incrementada", la expresión de la "función original", y así obtenemos una expresión, que representa cuánto se ha incrementado la función al dar un pequeño incremento a la variable de la que depende; ese "incremento de la función" lo dividimos por el "incremento de la variable", y ese cociente representa en qué proporción cambia el valor de la función, cuando la variable experimenta un pequeño cambio

3- El último paso de la "receta" se llama "paso al límite"; ¿qué representa y cómo se hace?. Nos ayudará a entenderlo volver al ejemplo del agricultor midiendo el área del campo. Empezó usando rectángulos con una base demasiado ancha, y así obtuvo un valor aproximado; para obtener mejores aproximaciones tenía que usar más rectángulos, con una base más estrecha. Finalmente dio a las bases el valor más pequeño que le era posible medir con sus reglas: un milímetro; ese tamaño, a efectos prácticos, era lo bastante pequeño como para considerar el valor obtenido la mejor aproximación, prácticamente igual al valor real del área del campo. Un milímetro es una longitud muy pequeña para nuestra escala, pero si lo comparamos con los "tamaños" del mundo microscópico y submicroscópico, de microbios, células, moléculas y átomos, es una longitud enorme. De igual manera, en una escala temporal, un segundo es para nosotros un intervalo de tiempo muy breve, pero es un "intervalo de tiempo enorme" en el mundo atómico y subatómico, donde los procesos acontecen en millonésimas de segundo, y a velocidades incluso mayores. Así pues, ¿a qué límite tenemos que reducir el incremento de la variable, para poder utilizar el cálculo diferencial en el estudio del mundo físico?. La respuesta es simple: no tenemos que especificar ningún valor particular; simplemente consideramos que el incremento de la variable (según está representado por el símbolo elegido para designarlo), se va haciendo cada vez más pequeño, tendiendo a cero, hasta que su valor se hace tan pequeño que podemos ignorarlo sin pérdida sensible, de modo que simplemente lo quitamos de la expresión obtenida, en todos los lugares en los que aparece, y quitamos todos los términos que vayan multiplicados por ese símbolo. La operación de "paso al límite" se hace, en cierto modo, con la mente. Es importante aclarar que, tal como se entiende hasta ahora, el "incremento de la variable" no llega a ser cero; si fuera así toda la expresión podría, tal vez, reducirse a cero, dejándonos sin nada con lo que seguir trabajando. Más bien se considera que se ha hecho tan pequeño que, a efectos prácticos, podemos ignorarlo y quitarlo de la fórmula.

La expresión obtenida al seguir los tres pasos de esa receta se llama "derivada" de la función original de la que hemos partido. Se considera que el valor de la función original tiende a ese límite, cuando el valor de la variable tiende a cero.

De manera resumida, se puede decir que hallar la "derivada" es hallar "el límite de la razón de incrementos", el límite al que tiende el cociente entre el incremento de la función y el incremento de la variable, cuando éste último tiende a cero.

En la práctica se han calculado las derivadas de las funciones elementales que aparecen con más frecuencia, y se han hecho tablas de derivadas, de modo que solo hay que consultar la tabla y usar la fórmula que necesitemos; no es necesario "aplicar la receta" si necesitamos una derivada que ya ha sido calculada.

Y cuando se tiene suficiente práctica, las derivadas de las funciones elementales o las más frecuentes, se graban en la memoria y ni siquiera hay que consultar las tablas.

Pero al principio, cuando se empieza a estudiar este tipo de cálculo, sí es importante ver cómo se obtienen las derivadas principales, para entender por qué las derivadas toman la forma que toman.

Un resumen breve descriptivo puede ser útil.

En aritmética, la operación más básica es la suma, sumar dos o más cantidades; la resta es la operación inversa de la suma; la multiplicación se puede considerar como una suma reiterada un número determinado de veces, aunque por supuesto resulta muy útil memorizar las tablas de multiplicar y utilizarlas de la forma adecuada para obtener el resultado de esa "suma reiterada" con más facilidad y rapidez; la división es la operación inversa de la multiplicación: por ejemplo, cinco por dos (o "cinco dos veces") es igual a diez, y si dividimos diez entre dos, invertimos lo que hemos hecho y recuperamos el cinco; pero también la factorización es una operación inversa de la multiplicación, una operación difícil, porque consiste en averiguar qué factores se han multiplicado para obtener el número que se nos da.

La potenciación es la multiplicación de un número por sí mismo un número determinado de veces, y la radicación es la operación inversa.

Vemos que, en cierto modo, todas las operaciones de la aritmética son "variaciones sobre un mismo tema": la operación básica de sumar.

Clasificar las funciones, considerándolas también como "variaciones sobre un mismo tema", puede resultar útil para entender su significado, memorizar, y entender la estructura que toma la "derivada" de cada una de ellas.

Desde luego las funciones matemáticas pueden tomar seguramente infinitas formas, pero, en general, se pueden considerar como diversas combinaciones de las funciones más elementales: si sumamos dos o más funciones (suma-resta) obtenemos una nueva función; lo mismo ocurre si multiplicamos dos o más funciones, o si dividimos una función entre otra, obteniendo una función que es un cociente de funciones.

Una potencia de la variable "x" , es decir, "x" elevado a un número determinado, es una de las funciones elementales más usadas; y debido a que las dos funciones trigonométricas que se suelen usar más, el seno de un ángulo, y el coseno de un ángulo, son funciones periódicas o cíclicas, cuyos valores se vuelven a repetir cada vez que se recorre un ciclo completo de los valores de un ángulo, desde 0° hasta 360°, se utilizan también mucho, puesto que en el mundo natural se dan muchísimos procesos cíclicos, oscilatorios y vibratorios, que por tanto se pueden modelar matemáticamente por esas funciones.

(En un triángulo rectángulo, a los dos lados que forman el ángulo recto se les llama "catetos", y al tercer lado "hipotenusa"; se define el seno de un ángulo como el cociente entre el cateto que está enfrente del ángulo (el "cateto opuesto") y la hipotenusa; el coseno es el "cateto contiguo" al ángulo, dividido por la hipotenusa; si pensamos en un triángulo rectángulo colocado dentro de una circunferencia, tomamos el radio como la hipotenusa, y le asignamos el valor "uno", es decir , lo tomamos como la unidad de longitud, las fórmulas del seno y el coseno se simplifican, pues asignamos a la hipotenusa que está en el denominador, el valor "1", de modo que el valor del seno es simplemente la longitud del cateto opuesto, y el del coseno la del cateto contiguo; a medida que el radio gira en la circunferencia, llega a ser la hipotenusa de triángulos rectángulos con diferentes valores de los "catetos", es decir del seno y el coseno; cada valor corresponde al ángulo que el radio forma con el diámetro en cada punto del recorrido; los valores se repiten cada vez que el radio completa una vuelta en la circunferencia).

La derivada de una suma de diversas funciones de la misma variable es igual a la suma de las derivadas de cada una de ellas por separado (y lo mismo aplica a la resta de funciones o a una combinación de sumas y restas). Este resultado (que se obtiene aplicando la "receta"), es lógico y fácil de entender: al incrementar la variable en cada una de las funciones de la suma, cada función variará de una manera determinada dependiendo de su estructura, y la variación en cada una será su "aportación" a la "variación total" de la función formada por la suma de funciones; de modo que sumando todas las "aportaciones" (todas las derivadas de cada una de las funciones de la suma) obtenemos la derivada (la variación total) de la función formada por la suma.

La derivada de un producto de dos o más funciones se obtiene haciendo una suma de productos, en la que en cada término de la suma se multiplica la derivada de una de las funciones, por las otras sin derivar, y en cada sumando se deriva una función distinta, y se incluyen tantos sumandos como funciones hay en el producto.

Por ejemplo, si es un producto de dos funciones, la derivada del producto tendrá dos sumandos, cada uno de ellos siendo el producto de una función por la derivada de la otra; si el producto es de tres funciones habrá tres sumandos, y en cada uno se deriva solo una de las funciones y se multiplica por las otras; y así sucesivamente para el producto de cualquier número de funciones, como se ha explicado arriba.

La lógica de este resultado (que también se obtiene aplicando la "receta", como todas las derivadas), se puede comprender si recordamos que un producto o multiplicación es como una "suma reiterada", de modo que ocurre algo semejante a lo explicado sobre la derivada de una suma de funciones.

Supongamos que tenemos una función "y", que es el resultado de multiplicar dos funciones de la misma variable, a las que podemos llamar "u" y "v"; si solo diéramos un incremento a la variable en la función "u" y le aplicásemos todo el proceso de derivación obtendríamos la derivada de "u"; ahora podemos preguntar: ¿cuánto ha variado la función "y" al derivar solamente "u"?; el cambio que origina en el valor de "y", se obtiene a partir de la expresión que hayamos obtenido para la derivada de "u", pero como "u" está multiplicada por "v", siendo "y" el resultado de ese producto, la variación en "y" al derivar solo "u" , es la derivada de "u" , repetida "v" veces. o sea, la derivada de "u" multiplicada por "v" sin derivar; pero en realidad queremos obtener la derivada del producto, y derivando solo "u" y multiplicando el resultado por "v", solo hemos obtenido la aportación de "u" al cambio en "y"; ahora tendremos que calcular la aportación de "v", haciendo lo mismo que hemos hecho, pero en este caso derivando solo "v", y multiplicando el resultado por "u" sin derivar; y finalmente sumando las dos aportaciones tendremos la expresión que nos permitirá calcular el cambio total que se produce en "y", al dar una variación infinitesimal a la variable, o sea la derivada del producto, la derivada de "y" con respecto a la variable; hay que que derivar *por separado*, tal como se ha explicado, cada una de las dos funciones del producto, porque son funciones *distintas* de la *misma* variable, por tanto cada una dará un resultado *diferente* al ser derivada, pero hay que sumar la aportación de cada una de ellas a la derivada total.

Una vez conocida la regla del producto, es fácil obtener la derivada de un cociente de funciones, porque podemos transformar el cociente en producto, pasando el denominador al otro miembro, o elevándolo a exponente negativo.

A partir de la regla del producto se puede obtener la derivada de una potencia, porque por ejemplo, el valor de x^3 se obtiene multiplicando "x" por sí misma tres veces, de modo que derivándola como si fuera el producto de "x por x por x" obtendremos 3 sumandos, y en cada uno de ellos se derivará una de las "x" y se dejarán las otras dos sin derivar; los tres sumandos serán iguales; la derivada de "x" con respecto a "x" es igual a uno; (es lo que se llama la derivada de la función idéntica, y como en ese caso la función es igual a la variable, es la propia variable "x" sin más, al aplicar los pasos del proceso de derivación resulta que en la "razón de incrementos" se obtiene: "incremento de x, dividido por incremento de x", que es igual a uno, y el límite al que tiende seguirá siendo uno); de modo que en cada uno de los tres sumandos, la "x" que se deriva se convierte en 1, y las otras dos "x" sin derivar, multiplicándose, dan como resultado x^2, y como tenemos tres sumandos iguales, el resultado final es $3x^2$.

Por tanto la derivada de una potencia es: "el exponente multiplicado por la base, elevada al exponente menos uno". Se puede obtener de otras maneras, por ejemplo utilizando la fórmula de la potencia de un binomio (una suma o resta de dos términos), y se obtiene el mismo resultado.

Las derivadas del seno y el coseno son fáciles de recordar; la derivada del seno es igual al coseno, y la derivada del coseno es igual al "menos seno" (o sea, el seno pero con signo negativo); se obtienen aplicando el proceso de derivación en tres pasos, a ciertas fórmulas trigonométricas.

La lógica del resultado se comprende bien si imaginamos un triángulo rectángulo; si hacemos que la hipotenusa gire y se eleve un poco, aumentando así el valor del ángulo que forma con el cateto contiguo (que es el coseno), cambia el valor del ángulo, y por tanto también el del seno y el coseno; como hemos elevado un poco la hipotenusa, para "construir" el nuevo triángulo, tendremos que trazar una línea desde el extremo superior de ésta, hasta la base del triángulo, perpendicular a dicha base; esa línea será el seno del ángulo en el nuevo triángulo, puesto que es el cateto que está enfrente del ángulo formado por la hipotenusa y el cateto contiguo; la longitud del seno del nuevo ángulo será algo mayor que la del seno del ángulo anterior, mientras que la del coseno se reducirá, y en la misma proporción; el seno es perpendicular al coseno, puesto que es un triángulo rectángulo; si desde el extremo superior del seno, el punto en que se une con la hipotenusa, trazamos una línea perpendicular a ésta (a la hipotenusa), el ángulo que forma el seno con esa nueva línea será igual al ángulo formado entre el coseno y la hipotenusa, pues las dos líneas entre las que se encuentra son perpendiculares, una al coseno y otra a la hipotenusa, de modo que la inclinación respectiva que guardan entre sí es la misma; pero como la línea perpendicular al coseno es precisamente el seno, este segundo ángulo tiene el mismo valor que el primero, pero ahora el seno es contiguo a él, y por tanto desempeña el papel del coseno con respecto a él.

Eso permite comprender por qué la derivada del seno es el coseno y la del coseno es el "menos seno": el seno del ángulo aumenta proporcionalmente, a expensas de la disminución del coseno.

Repaso general y uso de fórmulas

El valor numérico de unas magnitudes depende del valor numérico de otras con las que guardan una determinada relación.

Si conocemos cual es esa relación podemos expresarla en forma abreviada con un conjunto de símbolos a los que asignamos un significado determinado

Hay relaciones geométricas y relaciones aritméticas; las relaciones cuantitativas entre las partes de una estructura geométrica se pueden expresar como relaciones aritméticas, y también ocurre lo contrario

Como al estudiar cualquier estructura, unas partes guardan relación con otras, se puede decir que los valores de una están en función o dependen de los valores de otras; si se conoce la forma de las relaciones entre las diversas partes de una estructura, la forma de la dependencia funcional entre unas y otras, se puede deducir el valor numérico de unas a partir del valor de las otras

En "geometría" (palabra que significa "medición de la tierra"), por ejemplo, el valor del área de un campo, o del volumen de una caja, dependen del valor de los lados del campo o de la caja

En el estudio del movimiento (de los procesos de cambio), la velocidad, por ejemplo, se determina conociendo la distancia recorrida en un intervalo de tiempo

Hay formas geométricas cuya "regularidad" permite hallar unos valores que la caracterizan, a partir de otros de los que dependen, de una manera relativamente sencilla, pues la relación o dependencia funcional es sencilla

Pero cuanto más irregular es una forma geométrica esto se hace más difícil, lo que ha llevado a desarrollar métodos para tratar esas formas geométricas más irregulares: la idea clave es aproximar su valor a partir de "formas regulares" que se aproximen a la forma irregular

Cuando un móvil cambia de velocidad, deja de tener un movimiento rectilíneo y uniforme, al acelerar o decelerar, o al cambiar la dirección de su movimiento; el valor numérico de ese cambio se puede representar en un gráfico. El ritmo de variación "instantánea" de la velocidad de un móvil, se puede representar por la "rapidez" con que varía la "inclinación" de la tangente a la curva que representa los valores de la velocidad en cada "instante", la "inclinación mayor o menor" que experimenta dicha tangente al pasar de un "valor instantáneo" de la velocidad al siguiente valor, valores que en la gráfica corresponden a los "puntos" consecutivos que forman la gráfica curva; la altura de cada "punto" de la curva representa el valor de la velocidad en cada "instante"; al pasar de un "punto" al siguiente, la tangente se inclinará más o menos, dependiendo de si el "cambio de velocidad" o "aceleración instantánea" es mayor o menor

La clave de los métodos del cálculo infinitesimal, se basa en el hecho de que una "forma geométrica" (que también puede considerarse como una representación gráfica de procesos físicos de cambio), por irregular que sea, se puede considerar "compuesta" o "formada" por "figuras regulares", si las hacemos o consideramos del tamaño lo suficientemente pequeño, como se ilustra en el ejemplo del cálculo del área de un campo de forma irregular

Para poner esto en práctica se siguen tres pasos fundamentales; una expresión matemática que tiene, por ejemplo, esta forma:

$$y = 5x + 2$$

contiene dos variables y dos constantes; las constantes son el 5 y el 2, y las variables están representadas por la "y" y la "x".

Decimos que "y" es una función de "x", pues los valores numéricos que tome la variable "y", dependen de los que tome la variable "x", y por este motivo se llama a la "x" variable independiente; en cambio los valores que tome "y" dependen de los que tome "x"

Las funciones de "x" pueden tomar muchas formas distintas, por ejemplo:

$$y = 10 + \frac{x}{2}$$

$$y = \sqrt{x}$$

$$y = x^2 - 4;$$

y muchas otras formas

Se expresan todas, tengan la forma que tengan, como:

$$y = f(x)$$

"y" es una función cualquiera de "x", "y" es igual a "f" de "x"

Para calcular como varía el valor de la función "y", para variaciones infinitesimales del valor de "x", se hace sobre el papel algo parecido a lo que hicimos para hallar el área del campo de forma muy irregular; se inscriben dentro del campo un conjunto de figuras regulares juntas, como los rectángulos de diferentes alturas, de tal forma que se aproximen a la forma del campo, y después podemos aproximarnos progresivamente cada vez más, inscribiendo rectángulos cada vez más estrechos, y que se aproximen tanto a los bordes del campo, que la suma de todas sus áreas (que podemos calcular multiplicando la base por la altura), prácticamente equivale al área real del campo

Veamos cómo funciona esto para cualquier función de "x":

1- Damos a la función un pequeño incremento (un pequeño aumento de su valor), que representamos con el símbolo "Δy" , por medio de dar un pequeño incremento a la variable "x":

$$y + \Delta y = f(x + \Delta x)$$

2- Restamos la función original de la función incrementada, para obtener el valor que se ha añadido a "y" al dar al valor de "x" un pequeño aumento:

$$y + \Delta y - y = f(x + \Delta x - x)$$

Como se ve, restamos, miembro a miembro, la función original: $y = f(x)$

Y como en el primer miembro de la ecuación la "y" que suma se cancela con la "y" que resta, y lo mismo ocurre en el segundo miembro con la "x", nos queda:

$$\Delta y = f(\Delta x)$$

3- Dividimos el incremento de la función por el incremento de la variable independiente, para calcular la proporción en que varía "y" al dar un pequeño incremento a "x":

$$\frac{\Delta y}{\Delta x}$$

y a continuación, como si estuviéramos llevando a cabo un proceso de aproximaciones sucesivas cada vez más precisas, haciendo el incremento de "x" cada vez más pequeño, escribimos una expresión que representa el valor límite al que llegaría "y", cuando "Δx" tuviera lo que podríamos llamar "su valor más pequeño posible", o como se expresa habitualmente, un "valor infinitesimal"

Esta operación se llama "paso al límite", y se expresa así:

$$\lim_{\Delta x \to 0} \frac{\Delta y}{\Delta x} = \frac{dy}{dx}$$

"límite, cuando incremento de "x" tiende a cero, de la razón de incrementos (la razón entre el incremento de "y" y el incremento de "x", representada por el cociente $\frac{\Delta y}{\Delta x}$); ese límite es la derivada de la función con respecto a "x"; nos proporciona la expresión matemática adecuada para calcular el valor en que varía "y", a medida que "x" va variando por pequeños pasos infinitesimales; ese valor está expresado por el "cociente diferencial":

$$\frac{dy}{dx}$$

36

Y ahora que ya hemos visto cómo se aplica la "receta general", pero esta vez utilizando ya las fórmulas, vamos a ver un ejemplo práctico: la obtención de la derivada de un producto, que como vimos antes, puede utilizarse para obtener a partir de ella, otras derivadas, como la derivada de una potencia.

Derivada de un producto de funciones

Supongamos que tenemos una función "y" que se puede expresar como el producto de dos funciones distintas de "x", a las que llamaremos "u" y "v".

De modo que:

$$y = u\,v\,;\quad u = f(x)\,;\quad v = F(x)$$

Damos a "x" un incremento $"\Delta x"$ y obtenemos así las tres funciones incrementadas, pues cada una de ellas, al ser una función de "x", se incrementa en una cantidad determinada al incrementarse "x" :

$$y + \Delta y = (u + \Delta u)(v + \Delta v)$$

Hacemos la multiplicación de las expresiones entre paréntesis del 2° miembro de la ecuación, multiplicando cada término de un paréntesis, por cada término del otro:

$$y + \Delta y = u\,v + v\,\Delta u + u\,\Delta v + \Delta u\,\Delta v$$

Restamos la función primitiva: $y = u\,v$

$$y + \Delta y - y = u\,v + v\Delta u + u\Delta v + \Delta u\,\Delta v - u\,v$$

En el primer miembro de la ecuación la "y" con signo positivo se cancela con la "y" que resta, y lo mismo ocurre en el segundo miembro con el producto "u v", quedando:

$$\Delta y = v \, \Delta u + u \, \Delta v + \Delta u \, \Delta v$$

Dividimos los dos miembros de la ecuación por "Δx" para obtener el cociente de incrementos:

$$\frac{\Delta y}{\Delta x} = v \, \frac{\Delta u}{\Delta x} + u \, \frac{\Delta v}{\Delta x} + \frac{\Delta u}{\Delta x} \Delta v$$

Y pasando al límite, todos los cocientes de incrementos se convierten en las derivadas de esas funciones con respecto a "x":

$$\lim_{\Delta x \to 0} \frac{\Delta y}{\Delta x} = \frac{dy}{dx} = v \cdot \frac{du}{dx} + u \cdot \frac{dv}{dx} + \frac{du}{dx} \cdot \Delta v$$

Fijémonos en el último término (o sumando) del 2° miembro de la ecuación: en los dos primeros sumandos las derivadas están multiplicadas por "v" y por "u" respectivamente. No hay razón para pensar que esos productos de una función por una derivada se anulen.

En cambio en el 3° sumando la derivada está multiplicada por "Δv", que al ser un infinitesimal tenderá a cero cuando "Δx" tienda a cero. Como consecuencia el producto $\frac{du}{dx} \cdot \Delta v$ también tenderá a cero, por lo que una vez más podemos omitirlo sin pérdida sensible, y la ecuación queda así:

$$\frac{dy}{dx} = \frac{d(u \, v)}{dx} = v \cdot \frac{du}{dx} + u \cdot \frac{dv}{dx}$$

Como vemos se obtiene el resultado que consideramos en la sección "MATEMÁTICAS SIN FÓRMULAS", para la derivada de un producto, y la lógica del resultado la hemos analizado allí.

Ahora veremos un último ejemplo, que es sencillo, pero puede resultar muy útil a veces: la derivada de la función inversa

Derivada de la función inversa

Supongamos que resolvemos una ecuación, $y = f(x)$ dada, y obtenemos: $x = F(y)$.

Las funciones "f" y "F" definidas de esta forma, se llaman "inversa" una de la otra:

$$f'(x) = \lim \frac{\Delta y}{\Delta x} = \lim \frac{1}{\frac{\Delta x}{\Delta y}} = \frac{1}{\lim \frac{\Delta x}{\Delta y}}$$

Pero: $\lim \frac{\Delta x}{\Delta y} = F'(y)$. Sustituyendo pues, "y", por su valor $f(x)$, resulta finalmente:

$$f'(x) = \frac{1}{F'(y)} = \frac{1}{F'[f(x)]}$$

Cuando conociendo la derivada de la función $F(y)$, se desconozca la de $f(x)$, y se desee tener esta, bastará escribir la inversa de $F'(y)$, reemplazando en ella "y" por " $f(x)$".

DERIVADAS Y ECUACIONES DIFERENCIALES

Solución de ecuaciones diferenciales

Una ecuación diferencial es una ecuación que contiene derivadas, o sea expresiones diferenciales.

Veamos cómo hallar soluciones que satisfagan la ecuación diferencial.

La idea es encontrar métodos o tácticas (estrategias) para hallar soluciones a la ecuación diferencial

Las que pueden resolverse por métodos elementales son:

- Las lineales
- Las separables

Ecuaciones diferenciales de 2° orden (el mayor exponente que aparece es 2):

- Forma general:

$$\frac{d^2y}{dx^2} + a\frac{dy}{dx} + by = r(x)$$

(no homogénea: r (x) no es cero)

$$\frac{d^2y}{dx^2} + a\frac{dy}{dx} + by = 0$$

(homogénea [y lineal])

Siempre es posible encontrar una solución de la forma: $e^{\lambda x}$, siendo λ una constante adecuada

Ejemplo:

$$y_1 = e^{2x}$$

$$y_2 = e^{3x}$$

son dos soluciones

$$\frac{d^2y}{dx^2} - 5\frac{dy}{dx} + 6y = 0$$

Se eligen los coeficientes 5 y 6, porque, como veremos, dan las soluciones adecuadas

Solución 1:

$$y_1 = e^{2x}$$

$$\frac{dy_1}{dx} = 2 \cdot e^{2x}$$

$$\frac{d^2 y_1}{dx^2} = 4e^{2x}$$

$$\frac{d^2 y_1}{dx} - 5\frac{dy_1}{dx} + 6y_1 = 4\,e^{2x} - 5 \cdot (2e^{2x}) + 6\,e^{2x} = e^{2x}(4 - 10 + 6) = 0$$

Solución 2:

$$y_2 = e^{3x}$$

$$\frac{dy_2}{dx} = 3\,e^{3x}$$

$$\frac{d^2 y_2}{dx^2} = 9\,e^{3x}$$

$$\frac{d^2 y_2}{dx^2} - 5\frac{dy_2}{dx} + 6y_2 = 9\,e^{3x} - 15\,e^{3x} + 6\,e^{3x} = e^{3x}(9 - 15 + 6) = 0$$

(se elige una exponencial porque su derivada es ella misma, y su derivación, por lo explicado aquí, siempre va a dar el mismo resultado, o un múltiplo de él, y esto permite sacar la exponencial como factor común; lo mismo ocurre para la segunda solución)

Vamos a verlo con más claridad:

En la primera solución, la derivada de 2x es 2; la derivada de la exponencial es ella misma; e^{2x} es una "función de función", porque e^{2x} es una función de "x", pero a su vez, la expresión en el exponente: 2x, es otra función de "x" ella misma; por lo tanto hay que aplicar la regla de la cadena para derivarla:

$$e^{2x}$$

$$e^u$$

$$u = 2x$$

$$\frac{de^u}{du}\frac{du}{dx}$$

$$\frac{de^u}{du} = e^u$$

$$\frac{du}{dx} = \frac{d(2x)}{dx} = 2 \cdot \frac{dx}{dx} + x \cdot \frac{d(2)}{dx} = 2 \cdot 1 + x \cdot 0 = 2$$

[Puesto que $\frac{dx}{dx} = 1$, (derivada de la función idéntica), y $\frac{d(2)}{dx} = 0$, (derivada de una constante)]

$$\frac{de^u}{dx} = \frac{de^u}{du}\frac{du}{dx} = e^u \cdot 2 = 2e^{2x}$$

Esto ilustra que siempre es posible hallar dos soluciones particulares, eligiendo adecuadamente los coeficientes constantes

Si la multiplicamos por una constante, la nueva función es también una solución:

$$y_3(x) = c\, y_1(x), \quad \text{c: una constante}$$

$$\frac{dy_3}{dx} = \frac{d(cy_1)}{dx} = c\frac{dy_1}{dx}$$

$$\frac{d^2y_3}{dx^2} = c\frac{d^2y_1}{dx^2}$$

Por tanto:

$$\frac{d^2y_3}{dx^2} + p(x)\frac{dy_3}{dx} + q(x)y_3 = c\left[\frac{d^2y_1}{dx^2} + p(x)\frac{dy_1}{dx} + q(x)y_1\right] = 0$$

Puesto que la expresión entre corchetes es cero, como se vio antes

y_1 e y_3 no se consideran diferentes porque cada una es sencillamente un múltiplo de la otra: son "linealmente *dependientes*"

En general, dos funciones "y_1" e "y_2" lo son, si:

$$a_1 y_1(x) + a_2 y_2(x) = 0$$

Si a_1 y a_2 no son ambos cero.

Si solo se cumple cuando $a_1 = a_2 = 0$, son "linealmente *independientes*", y ninguna es múltiplo de la otra.

Principio de superposición:

Cualquier combinación lineal de dos soluciones de una ecuación lineal homogénea, es también solución:

Combinación lineal:

$$y = c_1 y_1 + c_2 y_2$$

c_1, c_2: constantes arbitrarias

$$\frac{dy}{dx} = c_1 \frac{dy_1}{dx} + c_2 \frac{dy_2}{dx}$$

$$\frac{d^2 y}{dx^2} = c_1 \frac{d^2 y_1}{dx^2} + c_2 \frac{d^2 y_2}{dx^2}$$

Sustituyendo las expresiones para las derivadas primera y segunda en la fórmula general:

$$\frac{d^2 y}{dx^2} + p(x) \frac{dy}{dx} + q(x) y = 0$$

$$\left(c_1 \frac{d^2 y_1}{dx^2} + c_2 \frac{d^2 y_2}{dx^2} \right) + p(x) \left(c_1 \frac{dy_1}{dx} + c_2 \frac{dy_2}{dx} \right) + [q(x)](c_1 y_1 + c_2 y_2) = 0$$

Haciendo las multiplicaciones para quitar paréntesis y corchetes:

43

$$c_1 \frac{d^2 y_1}{dx^2} + c_2 \frac{d^2 y_2}{dx^2} + p(x)c_1 \frac{dy_1}{dx} + p(x)c_2 \frac{dy_2}{dx} + q(x)c_1 y_1 + q(x)c_2 y_2 = 0$$

Recolocando los términos de la suma para agrupar juntos los que van multiplicados por c_1 y después los que van multiplicados por c_2:

$$c_1 \frac{d^2 y_1}{dx^2} + p(x)c_1 \frac{dy_1}{dx} + q(x)c_1 y_1 + c_2 \frac{d^2 y_2}{dx^2} + p(x)c_2 \frac{dy_2}{dx} + q(x)c_2 y_2 = 0$$

Y sacando factor común:

$$c_1 [forma\ general] + c_2 [forma\ general] = 0$$

$$(\ forma\ general = \frac{d^2 y}{dx^2} + p(x)\frac{dy}{dx} + q(x)y = 0\ )$$

No se cumple para ecuaciones no homogéneas, o/y no lineales

Pero sí es la solución general, aunque y_1 e y_2 sean linealmente independientes, pues en tal caso los coeficientes $a_1 = a_2 = 0$, o ($c_1 = c_2 = 0$), también dan como resultado cero al multiplicar por las expresiones entre corchetes

Solución general:

$$\frac{d^2 y}{dx^2} + p(x)\frac{dy}{dx} + q(x)y = 0$$

Tiene la forma general de la ecuación de 2º grado, aunque con diferenciales:

$$ax^2 + bx + c = 0$$

Cuya solución es:

$$x = \frac{-b \pm \sqrt{b^2 - 4ac}}{2a}$$

Expresión que representa las dos soluciones posibles, según el signo que se use ante la raíz cuadrada:

$$x_1 = \frac{-b + \sqrt{b^2 - 4ac}}{2a}$$

$$x_2 = \frac{-b - \sqrt{b^2 - 4ac}}{2a}$$

Ya hemos visto que:

$$y = e^{\lambda x}$$

es solución, si:

$$e^{\lambda x}(\lambda^2 + a\lambda + b) \rightarrow (\lambda^2 + a\lambda + b) = 0$$

$$(\lambda^2 + a\lambda + b) = 0$$

es la "ecuación característica" o "ecuación auxiliar" de la ecuación diferencial, y al tener la forma de la ecuación de 2° grado:

$$ax^2 + bx + c$$

Con $a = 1$, $\lambda = x$, $a = b$, y $b = c$, es decir, haciendo esas sustituciones, se pueden dar 3 casos de soluciones, dependiendo del valor (o forma) del discriminante (la expresión bajo la raíz en la fórmula de la solución de la ecuación de 2° grado)

$$a^2 - 4b > 0$$

$$a^2 - 4b = 0$$

$$a^2 - 4b < 0$$

Esto corresponde a la expresión: "$b^2 - 4ac$", de la fórmula de la solución de la ecuación de 2° grado, al hacer las sustituciones: $b \to a$, $a \to 1$, $c \to b$

Si ponemos que "b" es "a" $= 1 = c$ en la "ecuación característica", y " $x \to \lambda$":

$$x = \frac{-b \pm \sqrt{b^2 - 4ac}}{2a} \quad \to \quad \lambda = \frac{-b \pm \sqrt{a^2 - 4b}}{2}$$

y los posibles valores de "λ" son:

$$\lambda_1 = \frac{1}{2}\left(-a + \sqrt{a^2 - 4b}\right)$$

$$\lambda_2 = \frac{1}{2}\left(-a - \sqrt{a^2 - 4b}\right)$$

Soluciones particulares:

Por el principio de superposición, se puede considerar:

$$y(x) = c_1 y_1(x) + c_2 y_2(x)$$

una forma de expresar la solución general

Las dos constantes arbitrarias c_1 y c_2, se determinan normalmente en aplicaciones físicas por dos condiciones (al ser dos las constantes), de alguna de las 2 maneras siguientes:

1- **Condiciones iniciales**: Se especifican los valores de la función $y(x)$ y también de su derivada $y'(x)$, para algún valor de "x":

$y(x_0) \rightarrow$ *condición o valor inicial del que se parte*

$y'(x) = y_1$

Ejemplo:

Resolver el problema de valor inicial:

$$y'' + y' - 6y = 0$$

Fijamos $y(0) = 0$, $y'(0) = 5$, (según la naturaleza y lo que sepamos del problema a tratar)

Ecuación característica:

$$\lambda^2 + \lambda - 6 = 0$$

Factorizada:

$$(\lambda - 2)(\lambda + 3) = \lambda^2 + 3\lambda - 2\lambda - 6 = \lambda^2 + \lambda - 6$$

Para que sea cero debe cumplirse: $\lambda_1 = 2$, $\lambda_2 = -3$

Obtenemos así sus valores:

$$\lambda^2 + \lambda - 6$$

(1): $2^2 + 2 - 6 = 4 + 2 - 6 = 6 - 6 = 0$

(2): $-3^2 + (-3) - 6 = 9 - 3 - 6 = 6 - 6 = 0$

Solución general:

$$y(x) = c_1 e^{2x} + c_2 e^{-3x}$$

Pues: $y_1 = e^{\lambda_1 x}$, $y_2 = e^{\lambda_2 x}$

Derivada primera:

$$y'(x) = 2\, c_1 e^{2x} - 3\, c_2 e^{-3x}$$

(usando la regla de la cadena, pues hay que derivar "función de función", obtenemos el producto de las derivadas; las exponenciales permanecen; la derivada de:

$2x$ *es* 2 *y la de* $-3x$ *es* -3)

Entonces:

$y(0) = 0 = c_1 + c_2$ (para $x = 0$, *las exponenciales* $e^0 = 1$,

en la solución general: $y(0) = c_1 e^0 + c_2 e^0 = c_1 + c_2$)

Derivada primera:

$$y\,'(0) = 5 = 2\,c_1 - 3\,c_2$$

(pues:

$$y'(0) = 2c_1e^{2x} - 3c_2e^{-3x} = 2c_1e^0 - 3c_2e^0 = 2c_1 - 3c_2 \quad)$$

Y como hemos fijado como condición inicial:

$$y'(0) = 5$$

debe cumplirse:

$$c_1 = 1, \qquad c_2 = -1$$

de modo que:

$$y'(0) = 2c_1 - 3c_2 = 2 - (-3) = 2 + 3 = 5$$

Sustituyendo en la Solución General, la solución del problema de valor inicial es:

$$y(x) = e^{2x} - e^{-3x}$$

Las condiciones iniciales se asocian normalmente con aplicaciones en dinámica, siendo "x", la variable "tiempo": cómo evoluciona el sistema en el tiempo para los valores iniciales fijados.

2- **Condiciones de contorno**:

En muchas aplicaciones, la situación física se determina por el valor de y(x) en la frontera del sistema

condiciones de contorno:

$$y\,(x_1) = y_1, \qquad y(x_2) = y_2$$

x_1 *y* x_2 *son los extremos del intervalo* $x_1 \leq x \leq x_2$, en el cual está definida la ecuación diferencial

Ejemplo:

$y'' - 2y' + 2y = 0$, en el contorno $y(0) = 1$, $y\left(\pi/2\right) = 2$

$y'' - 2y' + 2y = 0$; *ecuación característica:*$\lambda^2 - 2\lambda + 2 = 0$

$(\lambda^2 + a\lambda + b = 0, \quad b = a = c = 1)$

Las raíces son:

$$\lambda = \frac{1}{2}\left(2 \pm \sqrt{4 - 8}\right)$$

De acuerdo con:

$\lambda_1 = \frac{1}{2}\left(-a + \sqrt{a^2 - 4b}\right)$, $\lambda_2 = \frac{1}{2}\left(-a - \sqrt{a^2 - 4b}\right)$,

como en $\lambda^2 - 2\lambda + 2 = 0$, el 2 tiene signo negativo, en las expresiones " $-a$", cambia a positivo; y dentro del radical $\sqrt{a^2 - 4b}$ es $\sqrt{4 - 8}$, pues $a = -2, a^2 = 4$, y, $4b = 8$, pues $b = 2$

$\lambda_1 = 1 + i$; $\lambda_2 = 1 - i$; pues $\sqrt{4 - 8} = \sqrt{-4}$; $\sqrt{-4} = \sqrt{4}\, i$

$$\lambda_1 = \frac{2 + \sqrt{4}\,.\,i}{2} = \frac{2 + 2i}{2} = \frac{2(1 + i)}{2} = 1 + i$$

$$\lambda_2 = \frac{2 - \sqrt{4} \cdot i}{2} = \frac{2 - 2i}{2} = \frac{2(1-i)}{2} = 1 - i$$

Por tanto 2 soluciones independientes son :

$$y_1\,(x) = e^{\lambda_1 x} = e^{(1+i)x}$$

$$y_2\,(x) = e^{\lambda_2 x} = e^{(1-i)x}$$

linealmente independientes

La solución general:

$$y(x) = c_1 e^{(1+i)x} + c_2 e^{(1-i)x} = e^x\left(c_1 e^{ix} + c_2 e^{-ix}\right)$$

En forma trigonométrica, utilizando la relación:

$$e^{\pm ix} = \cos x \pm i\,sen\,x$$

tenemos:

$$
\begin{aligned}
y\,(x) &= e^x[c_1(\cos x + i\,sen\,x) + c_2(\cos x - i\,sen\,x)] \\
&= e^x[(c_1 + c_2)\cos x + i(c_1 - c_2)\,sen\,x] \\
&= e^x(d_1 \cos x + d_2\,sen\,x)
\end{aligned}
$$

donde:

$$d_1 = c_1 + c_2$$

$$d_2 = i(c_1 - c_2)$$

son (nuevas) constantes arbitrarias.

Ejemplo de problema de contorno:

$y'' - 2y' + 2y = 0$; fijamos los valores de la función en los "extremos": $y(0) = 1$, $y\left(\pi/2\right) = 2$

(y'' significa la derivada segunda de "y", e y' la derivada primera).

La ecuación es la resuelta en el ejemplo que aparece en el libro anterior "Derivadas y ecuaciones diferenciales (1)":

$$y(x) = e^x(d_1 \cos x + d_2 sen\, x)$$

Aplicando las condiciones de contorno

1- $y(0) = 1 = e^0(d_1 \cos 0^\circ + d_2 sen\, 0^\circ) = d_1,$

Pues $\cos 0^\circ = 1$, $sen\, 0^\circ = 0$, $e^0 = 1$

2- $y\left(\pi/2\right) = 2 = e^{\pi/2}\left(d_1 \cos \pi/2 + d_2 sen\, \pi/2\right) = d_2 e^{\pi/2}$

Pues:

$$\pi/2 = 90^\circ, \quad \pi = 180^\circ,$$

$$2\pi = 360^\circ, \quad \cos 90^\circ = 0, \quad sen\, 90^\circ = 1$$

$y\left(\pi/2\right) = 2 = d_2 e^{\pi/2}; \quad d_2 = \frac{2}{e^{\pi/2}} = 2e^{-(\pi/2)}$

$d_1 = 1; \quad d_2 = 2e^{-(\pi/2)}$, y la solución del problema de contorno es:

$$y(x) = e^x\left(\cos x + 2e^{-(\pi/2)} sen\, x\right)$$

Esta es la solución del problema de contorno.

En algunos casos, cuando en la ecuación diferencial hay parámetros por determinar, se necesitan una o más condiciones iniciales para especificar la solución.

Uno de los ejemplos más sencillos e importantes en ciencias físicas es:

$$\frac{d^2y}{dx^2} + \omega^2 y = 0$$

(ω, es un número real),

De solución general:

$$y(x) = c_1 e^{i\omega t} + c_2 e^{-i\omega y}$$

O la forma trigonométrica equivalente:

$$y(x) = d_1 \cos \omega x + d_2 \; sen \; \omega x$$

Utilizando las relaciones:

$$e^{i\omega t} = \cos \omega t + i \; sen \; \omega t$$

$$e^{-i\omega t} = \cos \omega t - i \; sen \; \omega t$$

$$y(x) = c_1(\cos \omega t + i \; sen \; \omega t) + c_2(\cos \omega t - i \; sen \; \omega t)$$
$$= (c_1 + c_2) \cos \omega t + i(c_1 - c_2) \; sen \; \omega t$$

Dónde:

$$c_1 + c_2 = d_1$$

$$c_1 - c_2 = d_2$$

Veamos ejemplos de esto:

Si ω es una constante dada, las dos condiciones iniciales o de contorno son suficientes.

Si ω es un parámetro por determinar es necesaria una condición adicional.

Cuando la situación física necesita que se cumpla una condición de contorno periódica (cíclica)

$$y(x) = (x + \lambda) = c_1 e^{i\omega(x+\lambda)} + c_2 e^{-i\omega(x+\lambda)}$$
$$= c_1 e^{i\omega x} e^{i\omega\lambda} + c_2 e^{-i\omega x} e^{-i\omega\lambda}$$

Donde hemos sustituido "x" por "$x + \lambda$" en la solución general, y teniendo en cuenta que:

$$e^{i\omega x} e^{i\omega\lambda} = e^{i\omega x + i\omega\lambda} = e^{i\omega(x+\lambda)} \quad , y, \quad e^{-i\omega x} e^{-i\omega\lambda} =$$
$$e^{-i\omega x + (-i\omega\lambda)} = e^{-i\omega x - i\omega\lambda} = e^{-i\omega(x+\lambda)}$$

La condición "$y(x + \lambda) = y(x)$", se cumple si "$e^{i\omega\lambda} = 1$", y "$e^{-i\omega\lambda} = 1$", simultáneamente, y esto ocurre si "$\omega\lambda$", es un múltiplo entero de 2π:

$$\omega\lambda = 2\pi n \; ; \quad n = 0, \ \pm 1, \ \pm 2, \ \pm 3, \dots \dots$$

$$\omega_n = \frac{2\pi n}{\lambda}$$

(pues si "$e^{i\omega\lambda} = 1$", y, "$e^{-i\omega\lambda} = 1$", $y(x + \lambda) = c_1 e^{i\omega x} e^{i\omega\lambda} + c_2 e^{-i\omega x} e^{-i\omega\lambda} = c_1 e^{i\omega x} + c_2 e^{-i\omega x} = y(x)$).

Y las correspondientes soluciones son:

$$y_n(x) = c_1 e^{\left(2\pi n x / \lambda\right)i} + c_2 e^{-\left(2\pi n x / \lambda\right)i}$$

O en forma trigonométrica:

$$y_n = d_1 \cos\frac{2\pi n x}{\lambda} + d_2\, sen\, \frac{2\pi n x}{\lambda}$$

Las constantes c_1 y c_2 o d_1 y d_2 no están determinadas.

El oscilador armónico

Es un cuerpo que se mueve en línea recta por la acción de una fuerza (oscilador armónico lineal simple).

La magnitud de la fuerza es proporcional al desplazamiento "x", con respecto al equilibrio (punto fijo 0); "k" es la constante de proporcionalidad (constante de la fuerza); el signo negativo se debe a que es una fuerza de recuperación hacia la posición de equilibrio (debido a la gravedad, muelle, fuerzas de elasticidad, etc.), y asegura que la fuerza actúa en dirección opuesta al desplazamiento:

$$F = -kx$$

Igualando con la otra expresión de fuerza de Newton:

$$F = m\frac{d^2x}{dt^2}$$

(La fuerza es igual a la masa "m", multiplicada por la aceleración, que es la derivada segunda del espacio "x", con respecto al tiempo).

Igualamos las dos expresiones correspondientes a la "fuerza":

$$m\frac{d^2x}{dt^2} = -kx$$

Haciendo las siguientes operaciones para dejar "cero" en el 2º miembro de la ecuación:

$$\frac{d^2x}{dt^2} = -\frac{kx}{m}$$

$$\frac{d^2x}{dt^2} + \frac{kx}{m} = 0$$

Y definiendo:

$$k/m = \omega^2$$

$$\frac{d^2x}{dt^2} + \omega^2 x = 0$$

Esta última ecuación obtenida es la forma estándar de una ecuación lineal homogénea con coeficientes constantes, ya estudiada al principio de esta sección sobre "ecuaciones diferenciales y sus soluciones", con solución general en forma trigonométrica:

$$x\,(t) = d_1 \cos \omega t + d_2 \,sen\, \omega t$$

Modela una gran cantidad de sistemas físicos: oscilaciones de una balanza de resorte (llamada entonces ley de Hooke), balanceo de un péndulo, oscilaciones de un trampolín o columpio, vibraciones atómicas, etc. (en moléculas de cristales)

ω es la velocidad angular, y multiplicada por el tiempo nos da el espacio recorrido, en grados o radianes, del proceso oscilatorio; si no es un movimiento lineal cíclico (de ida y vuelta), aunque éste sería representado por la misma ecuación y su gráfica.

CONCLUSIÓN

Espero que la lectura y consideración de esta información te haya sido útil para ver la lógica que hay detrás del simbolismo matemático; cuando se comprende dicha lógica, las fórmulas y ecuaciones dejan de parecer un jeroglífico incomprensible e indescifrable, porque uno ahora "sabe leer ese lenguaje", y por tanto "entiende el significado", tal como cuando alguien aprende a leer lenguajes que utilizan otro alfabeto distinto al que se utiliza en el idioma que nosotros hemos aprendido desde niños, lo que llamamos nuestra "lengua materna", que dependerá del lugar del mundo en el que hayamos nacido, o en el que nos hayamos criado.

El simbolismo con el que se expresan las relaciones matemáticas, se puede considerar un lenguaje internacional, puesto que los libros y artículos de ciencia que usan matemáticas, aún si están escritos en otro idioma, usan en general los mismos símbolos en el mundo entero, de modo que el significado de las fórmulas y expresiones matemáticas puede ser entendido por todo el que haya aprendido el "lenguaje matemático" junto con su lógica; se puede decir que es el lenguaje internacional de la ciencia.

Además, de acuerdo con Galileo, es "el lenguaje de la naturaleza", y comprenderlo nos permite entender en todo su esplendor, la belleza y profundidad de las leyes universales, las que hacen posible la vida, y las muchas cosas de las que disfrutamos en nuestro hogar, la Tierra, cuando todo funciona adecuadamente.

Cómo un ejemplo del funcionamiento de las leyes más elementales, veamos las siguientes:

Los principios matemáticos

La velocidad se determina midiendo el espacio recorrido por unidad de tiempo: Si un coche recorre 180 Km en 2 horas, su velocidad promedio es de 180/2 = 90, 90 Km/h. La velocidad instantánea se obtiene midiendo el espacio recorrido en intervalos de tiempo cada vez más pequeños, hasta llegar al límite. Decimos que la velocidad instantánea es el límite, cuando el intervalo de tiempo tiende a cero, de la razón entre espacio y tiempo:

"velocidad = límite cuando incremento de t tiende a cero de incremento de x/incremento de t" o $v = dx/dt$

(límite cuando incremento de t tiende a cero de la razón entre incremento de x e incremento de t). En matemáticas esto se llama derivada. La velocidad por tanto es la derivada del espacio con respecto al tiempo, o sea la tasa de cambio del espacio recorrido a intervalos infinitesimales de tiempo. Este tipo de cálculo se conoce hoy como cálculo infinitesimal, que comprende cálculo diferencial y cálculo integral. Fue utilizado por Newton (e independientemente por Leibnitz) para analizar el movimiento.

A su vez la aceleración es el cambio de velocidad con el tiempo, o sea: aceleración = límite cuando incremento de t tiende a cero de incremento de v/ incremento de t, o $a = dv/dt$, es decir, la derivada de la velocidad respecto al tiempo, o la segunda derivada del espacio con respecto al tiempo (porque primero derivamos el espacio respecto al tiempo, para obtener la velocidad, y después volvemos a derivar para obtener la aceleración)

Ahora podemos escribir la 2ª ley de Newton (FUERZA = MASA x ACELERACIÓN) en forma diferencial:

$$F = m \, dv/dt$$

Esta expresión diferencial, se puede considerar como la diferencia entre los valores de la velocidad, cuando se mide entre dos intervalos de tiempo muy próximos:

dv/dt = Velocidad final - velocidad inicial/tiempo final - tiempo inicial = V-Vo/T-To

En el cálculo infinitesimal, se considera que es el valor de la tasa de cambio en la velocidad, cuando el intervalo de tiempo se hace lo más pequeño posible, es decir cuando tiende a cero.

Cuando medimos la velocidad inicial y la velocidad final en dos puntos sumamente próximos, obtenemos la aceleración (o sea cambio de velocidad instantánea).

Al producto de la masa por la velocidad se le llama momento lineal, denotado habitualmente por p:

$$p = m v$$

de modo que podemos decir que la fuerza es la derivada del momento con respecto al tiempo:

$$F = dp/dt$$

(Se considera que la masa es una constante, de manera que en la variación del momento lo que varía es la velocidad).

Como puede verse, las magnitudes de velocidad, aceleración y fuerza se obtienen a partir de tres magnitudes fundamentales: el espacio, el tiempo y la masa (L, T, M), longitud, tiempo y masa.

Así: velocidad = L/T = L (T elevado a -1)

aceleración = (L/T)/T = L/ T elevado a 2 = L (T elevado a -2)

Fuerza = M (L/ T elevado a 2) = M L (T elevado a -2)

Estas expresiones indican lo que se conoce como el contenido dimensional de cada magnitud. Nos dicen en qué medida y relación contienen las magnitudes derivadas a las magnitudes fundamentales de longitud, tiempo y masa (L, T, M). A su vez, a partir de ellas se pueden construir otras magnitudes, como por ejemplo la energía, la acción y el momento angular.

Si aplicamos una fuerza a un objeto para moverlo realizamos un trabajo. El trabajo será tanto mayor cuanto mayor sea el espacio recorrido. Por tanto:

$$TRABAJO = FUERZA \times ESPACIO$$

$$W = F \cdot e$$

Le energía es la capacidad para producir trabajo, de modo que se define igual:

$$ENERGÍA = FUERZA \times ESPACIO$$

$$E = F \cdot e$$

A su vez la acción se define como la energía multiplicada por el tiempo durante el que actúa:

$$ACCIÓN = ENERGÍA \times TIEMPO$$

Para los cuerpos que giran en torno a un centro conviene introducir otra magnitud llamada "momento angular". Es el producto del momento lineal por el radio de giro:

$$MOMENTO\ ANGULAR = MOMENTO\ LINEAL \times RADIO$$

$$L = m \cdot v \cdot r = p \cdot r$$

Introducimos estas tres nuevas magnitudes, porque los sistemas físicos cumplen tres leyes de conservación, que son fundamentales para entender el mundo:

Ley de conservación del momento lineal

Ley de conservación del momento angular

Ley de conservación de la energía

Imaginemos un conjunto de esferas de diferentes masas que se están moviendo en línea recta a diferentes velocidades, cerca unas de otras, pero en direcciones y sentidos distintos. Cada una lleva su propio momento lineal o cantidad de movimiento, que es el producto de su masa por su velocidad. Sumamos todos esos productos y obtenemos un número al que podríamos llamar momento lineal total del sistema. De acuerdo con la segunda ley de Newton, si al sistema no se le comunica ninguna fuerza adicional del exterior, no cambiará su momento lineal. Las esferas chocarán unas con otras y la velocidad de cada una individualmente puede variar. Las que tengan mucha cantidad de movimiento (mucha masa y mucha velocidad) pueden ceder parte de su cantidad de movimiento a las que tengan menos, ya que al chocar con ellas harán que su velocidad aumente, pero a cambio de ser frenadas un poco ellas mismas. Hay un intercambio o transmisión de cantidad de movimiento entre unas y otras, pero lo que unas pierden otras lo ganan, de modo que hay una compensación, de suerte que si volvemos a sumar la cantidad de movimiento de todas ellas, aunque los sumandos individuales varíen , la suma total será la misma que al principio. Esta es la ley de conservación del momento lineal.

Existe también una ley de conservación del momento angular, al que definíamos como el producto del momento lineal por la distancia al eje de giro o radio. Esta ley se cumple en los movimientos de rotación. En las rotaciones el efecto conseguido por una fuerza, no depende solo de la magnitud de la fuerza, sino también de su distancia (el punto donde la apliquemos) al eje de giro. Esto se observa en un ejemplo muy familiar, Si queremos hacer girar una puerta aplicamos sobre ella una fuerza a cierta distancia de las bisagras. Pero si acortamos la distancia al eje de giro, aplicando la fuerza sobre un punto más cercano a las bisagras, notaremos que tenemos que hacer más fuerza para conseguir la misma cantidad de giro. Conviene por tanto introducir, al estudiar el movimiento angular o de rotación, una magnitud a la que llamamos torque, que se define como el producto de la fuerza por el radio de giro:

TORQUE = FUERZA x RADIO DE GIRO

$$T = F . r$$

Si aumenta el radio de giro, el torque será mayor y la aplicación de la fuerza será más efectiva. Así como el momento lineal varía si se aplica una fuerza, el momento angular varía si se aplica un torque. En ausencia de torque el momento angular no varía. Esta es la ley de conservación del momento angular. Explica muchas cosas. Por ejemplo, supongamos que alguien está girando con los brazos extendidos, sosteniendo un peso en cada mano. Si recoge los brazos hacia sí mismo su velocidad de giro aumentará; ¿por qué?; la fórmula del momento angular es:

$$L = m . v . r$$

No se ha aplicado ningún torque; el momento angular L por tanto no varía; de modo que si disminuimos el radio de giro r, la velocidad v tiene que aumentar para que el momento angular se conserve. El aumento de velocidad compensa la reducción del radio. Por eso una patinadora que está girando con los brazos extendidos, gira más deprisa con solo recoger los brazos. La conservación del momento angular explica que la Tierra tarde siempre el mismo tiempo en dar una vuelta alrededor de su eje, y así el día tenga siempre la misma duración; y lo mismo se puede decir de la duración del año, por citar un ejemplo más.

Ahora consideremos la tercera ley de conservación. Un cuerpo puede tener energía, o sea capacidad para realizar trabajo, si se está moviendo, porque puede golpear a otro y hacer que se mueva también, o si, aunque esté en reposo está colocado a cierta altura en un campo gravitatorio como el de la Tierra, porque si lo soltamos adquirirá una aceleración debida a la gravedad, que también puede usarse para realizar trabajo (como cuando se deja caer agua para hacer girar turbinas que generan electricidad). A la energía debida al movimiento se le llama energía cinética (del griego "Kineema": movimiento), y a la energía debida a la posición en el campo de gravedad se le llama energía potencial, porque es una energía en potencia, o sea latente, que puede reservarse, sin ser usada hasta que decidamos dejarlo caer. Calculemos la energía cinética en función de la velocidad.

Si un móvil parte del reposo su velocidad inicial es cero: Vo = 0, y llegará con una velocidad final V. La media entre la velocidad inicial y la final será por tanto :

$$\text{velocidad media} = (0 + V)/2 = \tfrac{1}{2} V \ (1)$$

El espacio recorrido será esa velocidad por el tiempo:

$$e = \tfrac{1}{2} V . T \ (2)$$

La energía, según dijimos, es la fuerza por el espacio, de modo que la energía cinética será:

$$\text{Fuerza x espacio} = \text{masa x aceleración x espacio}$$

$$F . e = m . a . e \ (3)$$

Como aceleración = velocidad/tiempo o a = v/t, podemos poner:

$$F . e = m . v/t . e \ (4)$$

Sustituyendo ahora la expresión del espacio por la fórmula (2) obtenemos:

$$F . e = m . v/t . \tfrac{1}{2} vt$$

y recolocando los términos y simplificando:

$$F . e = \tfrac{1}{2} m v . v . t/t = \tfrac{1}{2} m v^2$$

De modo que la fórmula para la energía cinética en función de la velocidad es:

$$E = \tfrac{1}{2} m v^2$$

El uso de letras como abreviaturas, y signos de sumar, multiplicar y dividir, también nos permite ir más rápido, pero expresan las mismas ideas que cuando lo definimos con palabras.

Veamos ahora la relación entre estas dos formas de energía, cinética y potencial; consideremos el ejemplo de un columpio, como se representa esquemáticamente en el gráfico:

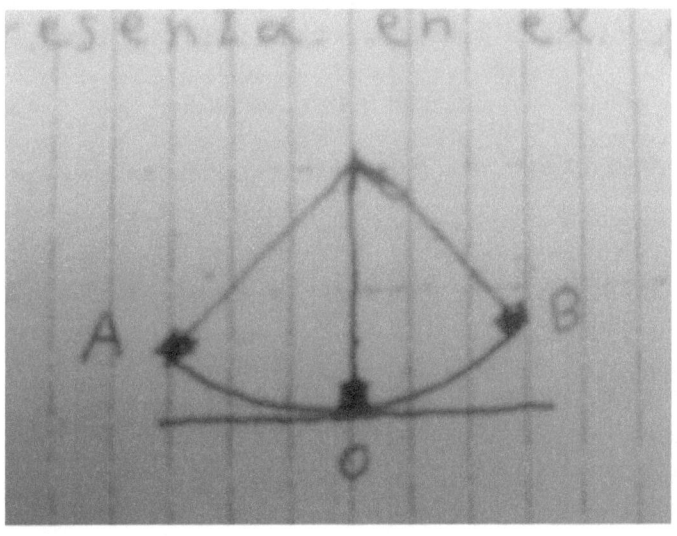

Primero tenemos que emplear nuestra energía muscular (que en definitiva se deriva de procesos químicos en nuestro cuerpo) para levantar el columpio hasta el punto A. La velocidad del columpio en ese punto es cero, de modo que no tiene energía cinética, pero ha adquirido una energía potencial por la altura a que ha sido elevado, Entonces lo soltamos y comienza a caer por acción de la gravedad. A medida que va ganando velocidad al caer, su energía cinética va aumentando, mientras que su energía potencial va disminuyendo conforme se reduce su altura. Al llegar al punto O, la energía potencial se ha reducido a cero y la energía cinética es máxima. El columpio empieza a ascender por el otro lado en dirección al punto B, y al hacerlo va perdiendo energía cinética pero de nuevo va ganando altura y energía potencial. Es como si la energía no desapareciese nunca, solo fuera cambiando de forma. Por eso en todo momento la suma de la energía potencial y la energía cinética permanece constante:

Sin embargo finalmente el columpio se para. ¿A dónde se ha ido la energía?. El columpio se detiene porque se va frenando por la fricción y rozamiento del enganche con el eje de giro y con el aire, pero si tocamos el enganche y el eje de giro notaremos que se han calentado con el rozamiento, y ese calor finalmente se transmite a las moléculas del aire y se disipa en ellas.

Empezamos empleando energía muscular de origen químico, la convertimos en energía potencial gravitatoria, que se fue transformando en energía cinética y viceversa, y finalmente terminamos con energía calorífica (o térmica). Este es un ejemplo del funcionamiento de una de las leyes más importantes de la física, la ley de conservación de la energía, que dice así: la energía ni se crea ni se destruye, solo se transforma.

Como puedes ver, una de las leyes más importantes del universo, la "ley de conservación de la energía", ilustrada aquí con el ejemplo del columpio, donde básicamente solo hay que considerar las dos formas más fundamentales que toma la energía, energía cinética y energía potencial, es una de las muchas aplicaciones de la última fórmula matemática cuya obtención hemos estudiado, la del "oscilador armónico": el "columpio" que ilustra la "ley de conservación de la energía", si sus oscilaciones son regulares, es un "oscilador armónico", y es la misma fórmula que se usa para representar matemáticamente muchos otros procesos del mundo físico, cómo las vibraciones y oscilaciones atómicas y moleculares, y en general todo proceso cíclico y periódico, y hay muchos ciclos en el Universo y en la Tierra.

Y cuando se modelan matemáticamente procesos que "oscilan", pero no de manera regular, cuyas representaciones gráficas son las de funciones con valores que suben y bajan, es decir con "máximos, mínimos y puntos estacionarios", pero con diferentes "alturas" en la gráfica correspondiente, la fórmula para cada función se puede obtener "sumando" los valores de las gráficas de "osciladores armónicos", cada uno de ellos con una "amplitud" (la "altura" de la gráfica ondulatoria) distinta, por medio de una "suma" de funciones trigonométricas, de "senos" y "cosenos", pues tales funciones "oscilan" en sus valores, y estos se vuelven a repetir cada vez que se hace un recorrido completo de los valores que puede tomar un ángulo, desde $0°$ hasta $360°$, o desde 0 hasta 2π radianes; dicha "suma" es una "serie o expansión de Fourier".

Esto ilustra uno de los aspectos de las matemáticas que facilitan su estudio y comprensión: la generalidad que tienen, lo que permite modelar matemáticamente muchas estructuras o procesos en apariencia distintos, con la misma fórmula o expresión matemática.

En este libro hemos hablado de Matemáticas, pero si necesitas o quieres disponer de consideraciones similares de otras asignaturas, incluimos aquí el "índice general" de una serie que se ha preparado con el propósito de ayudar a los estudiantes en los diferentes campos que se consideran en ciencias, así como el "índice" más amplio de todos los aspectos que se tratan en la serie.

ÍNDICE GENERAL DE LA SERIE

8 : FÍSICA DE PARTÍCULAS

9 : GRAVEDAD CUÁNTICA

10 : SUPERCUERDAS Y TEORÍA M

11 : MOLÉCULAS ORGÁNICAS, GENÉTICA Y BIOLOGÍA MOLECULAR

12 : TEORÍA CUÁNTICA (2): SIGNIFICADO DE LA "FUNCIÓN DE ONDA"

13 : CEREBRO Y REALIDAD

14 : EL UNIVERSO COMO UN COMPUTADOR CUÁNTICO

15 : FISIOLOGÍA: El cuerpo humano

Índice de temas considerados

OTROS LIBROS DE JUAN VILLALBA DISPONIBLES EN AMAZON

EL COLECCIONISTA DE INSTANTES: Miguel y "la construcción del tiempo"

(Un cuento corto de ciencia ficción que ilustra la manera en que el "tiempo" emerge a partir de algo "intemporal", y el papel que desempeña el cerebro en nuestra concepción de la realidad, así como el hecho de que los "viajes en el tiempo", los "universos paralelos" y "la vida en una realidad simulada", podrían estar relacionados; inspirado en los descubrimientos científicos en física, informática y neurociencia)

ATLÁNTIDA ¿de sueño a pesadilla?

(Reflexiones sobre el "progreso" y las "civilizaciones avanzadas")

LA "ATLÁNTIDA" DE PLATÓN: ¿MITO O REALIDAD?

EL "LADO OSCURO" Y UNA REFLEXIÓN FINAL

Los hombres que estudiaban las estrellas

Las desigualdades de nuestra "civilización avanzada"

El agotamiento de los recursos del planeta

(Se considera el origen del relato de Platón sobre la "Atlántida", el impacto que dicho relato tuvo en algunos pensadores a lo largo de la historia, los acontecimientos históricos reales que llevaron al desarrollo de armas nucleares, la situación general de la sociedad humana actual, y las lecciones que, según algunos filósofos, deberíamos extraer del relato de Platón)

(El comienzo de lo que se llamó "La revolución científica" hizo pensar a muchos de los que vivían entonces, que la ciencia nos permitiría alcanzar la Utopía, o el esplendor de la Atlántida, que nos acercaría a ese "sueño", que al parecer la humanidad viene anhelando desde la antigüedad, pero la historia más reciente y la situación actual, parecen indicar por el contrario que el "sueño" se está convirtiendo en una "pesadilla".

Quizá todavía estemos a tiempo de invertir el rumbo. Los adelantos científicos y tecnológicos pueden hacer mucho bien, pero como hemos visto también pueden causar mucho daño.

Aunque no todo está en nuestras manos, que sea lo uno o lo otro sí depende en buena medida de la elección que nosotros hagamos, del uso que demos al conocimiento obtenido; las lecciones de la historia reciente muestran claramente que el don de un conocimiento aumentado solo nos hará bien si su uso está gobernado por elevadas normas morales; si no es así se ha demostrado que solo nos hará daño.

Hagamos todo lo posible porque la "pesadilla", se vuelva a convertir en "sueño".)

POEMAS:

MARIPOSAS, PÁJAROS DE LUZ, PECES DE FUEGO
(Para decirte hoy lo que te quiero…)